우리는 가끔 사물을 전혀 다른 시각으로 바라보는 누군가를 만나곤 한다. 이 호주 청년은 그 중에서도 매우 드문 경우이며 재능 또한 특출한 사람이다. 조시가 일하는 방식은 신선하고 범상치 않으며 흥미롭기까지 하다. 그의 놀라운 관점은 책에서 곧 현실화 된다. 그는 전문 요리사의 테크닉을 구사하지만, 그 테크닉에는 어떤 사람이라도 쉽게 이해할 수 있는 놀라운 기본 원칙들이 녹아 있다. 실제로, 몇몇 고전 요리들의 핵심이라고 할 만한 것들은 완벽하게 구현되었다. 나는 이런 요리책의 탄생을 오랫동안 기다려왔다. 조시에게 완전히 빠져버렸고, 그의 다음 행보가 궁금해 미칠 지경이다.

–
**제이미 올리버** JAMIE OLIVER

조시 닐란드는 천재다 – 매우 희귀한 천재라는 표현이 맞겠다. 그는 자신의 천재성을 박수갈채가 아닌 사람들의 행복을 위해 발휘하고 있다. 누구나 그를 만나거나 그의 요리를 접한다면 그 재능과 열정에 끌리지 않을 도리가 없다고 확신한다. 나는 속임수를 싫어하며 나를 신기하게 여기는 것 또한 싫어한다. 따라서 나는 여러분이 그의 독창성과 혁신성의 진정한 가치를 오해하지 않도록 명확히 할 필요가 있다고 생각했다. 조시는 강요를 하거나 관심을 유도하지 않으면서도 고도의 응집된 기술로 생선을 탈바꿈시켜 생선에 대한 고정관념을 깨뜨린다. 그는 요리를 통해 완전히 새로운 관점을 자연스럽게 녹여낸다. 그가 만든 요리는 늘 우리 곁에 있었던 요리 유산처럼 느껴지기도 하는데 복잡하지 않고 또한 획기적이다. 조시 닐란드는 특출한 재능의 소유자다. 나는 피터 고든Peter Gordon이 표현한 '바다 생선 물씬 나는' 조시의 철학과 음식을 정말 좋아한다.

–
**니겔라 로슨** NIGELLA LAWSON

피시
쿡북

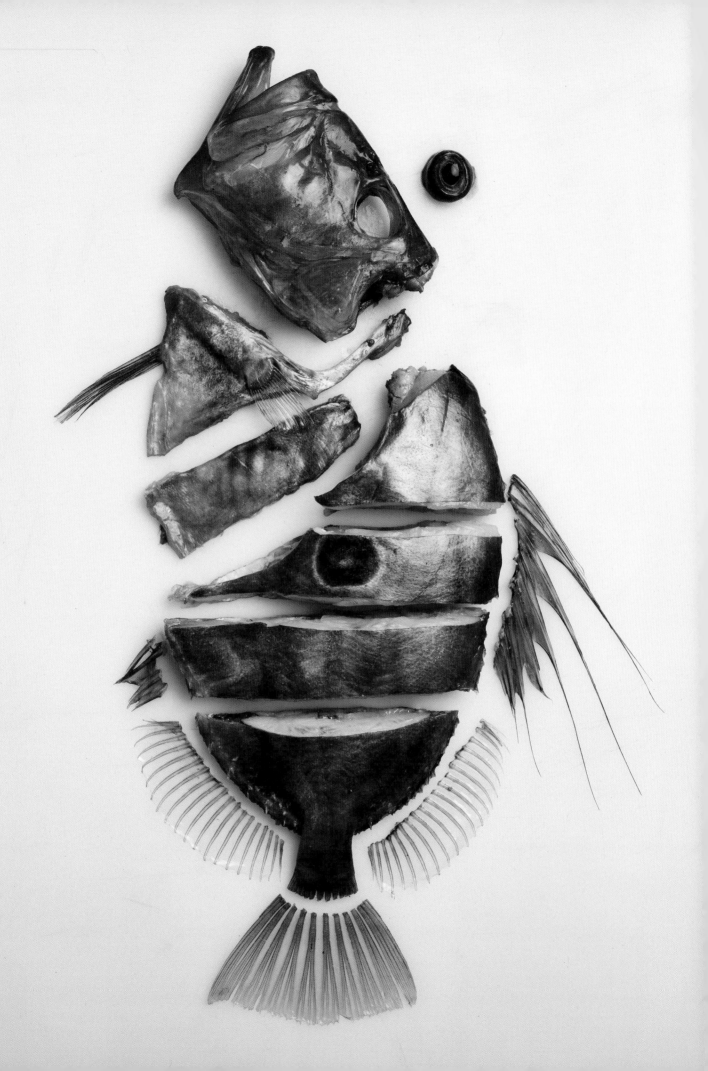

# THE WHOLE FISH
# COOKBOOK

피시
쿡북

Ultimate BOOK

머리부터
꼬리까지
생선을 대하는
새로운 방식

조시 닐란드
Josh Niland

배재환 옮김

미호

# CONTENTS

## 목차

# FOREWORD

# 서문

조시 닐란드는 생선에 대한 여러분의 관점을 완전히 바꿔버릴 것이다. 그동안 생선을 어떤 방식으로 요리했고 어떻게 먹었든 상관없다. 또한 생선을 전문적으로 다루는 요리사일 뿐만 아니라 친구나 가족을 위해 요리하는 일반인이든 누구라도 예외일 수 없다.

가정에서 해산물을 더 많이, 더 자주 요리할 수는 없을까? 매번 꼭 시큼한 뭔가와 짝을 이뤄야 할까? 물이 흥건한 상태로 손질하지 않을 수는 없을까? 좀 더 숙성을 하면 어떻게 될까? 훨씬 덜 익힌다면? 그리고 우리가 바다에 사는 생선을 더 다양하게, 더 많이 활용할 수는 없을까? 우리가 생선을 구매할 때는 왜 선택에 제약을 받을까? 도대체 이 문제는 어떻게 해야 나아질까?

동물의 머리 끝에서 꼬리 끝까지 버리는 부위 없이 요리하는 방식은 전 세계적인 추세다. 일찍이 영국의 요리사 퍼거스 헨더슨Fergus Henderson은 오늘날 주방에서 쉽게 잊히거나 버려지는 고기, 내장, 말단 부위들의 가치를 알리고 찬양하는 데 일생을 바쳤다. 그는 "동물들이 인간 세상에서 그들의 특정 부위만 소비되고 나머지는 버려진다는 사실을 알게 된다면 이를 몹시 무례하다 여길 겁니다"라고 자주 말하곤 했다. 조시는 문득 저 깊은 곳에 사는 생물들에게도 이와 같은 의미를 부여하고 고마움을 표현할 수 있는 목표를 세우기로 마음먹었다. 그는 공급자에게 이렇게 말했다. "상태가 좋은 생선이라면 뭐든지 보내줘요. 그럼 제가 어떻게 해서든 접시에 올릴 방법을 찾아낼게요". 사실 이것이야말로 레스토랑의 요리가 지향해야 할 바가 아니면 무엇이란 말인가.

영감이 없다면 세상에 존재하는 모든 준비 과정을 수련하는 데 온통 집중해야 할 테지만 조시는 영감이 매우 뛰어난 사람이다. 토종 파슬리의 향기, 서늘한 곳에 4일간 두어 풍미가 더욱 풍성해진 삼치, 삶은 달걀을 자그마한 문어의 대가리 속에 꼭 맞게 넣을 수 있는 깔끔한 테크닉 등 평범하면서도 시적인 상상들이 그를 움직인다.

그가 요리하면서 사용하는 주요 무기들은 시각과 미각을 강력하게 매료시키는 테크닉과 맛이다. 그는 '글래스Glass', '이스트Est'와 같은 레스토랑에서 이 기술들을 연마하기 시작했으며 시드니에 있는 훌륭한 해산물 요리사인 스티브 호지스Steve Hodges의 레스토랑 '피시 페이스Fish Face', 헤스턴 블루먼솔Heston Blumenthal의 레스토랑 '팻 덕Fat Duck'의 개발실에서 기술을 더욱 발전시켰다. 이러한 경험을 발판 삼아 2016년 시드니에 자신의 레스토랑 '세인트 피터Saint Peter'를 열었으며 그곳에서 접시에 담아 낸 모든 것들은, 전적으로 그만의 창작물이었다. 2018년 시드니에 문을 연 '피시 부처리Fish Butchery'는 애플 스토어와 데미안 허스트Demien Hirst(영국의 현대미술가-역주)의 설치미술을 합쳐 놓은 듯한 생선 정육점으로 해산물 소매점의 본질을 바꾸는 것을 목표로 삼고 있으며 매우 성업 중이다.

생선의 피(선지), 내장, 뼈 등은 굳이 요리할 필요가 없는 것들이지만 여러분이 원하기만 한다면 조시는 언제든 그 방법을 알려줄 준비가 되어 있다(또한 그는 숭어의 비늘, 송어의 목살, 고등어의 정소를 어떻게 다룰지에 대해 명석한 결론을 내린 상태다). 나아가 그는 싱싱한 생선을 골라 기가 막히게 삶거나 껍질을 바삭하게 익히는 방법을 보여줄 것이다. 조시 닐란드는 목표를 향한 탐구에 이어 자신이 가진 지식을 모두에게 공유할 수 있는 기회에 흥분한다. 독자들에게 레시피를 알려주는 요리책은 널리고 널렸지만, 조시는 조금 더 나아가 자신이 체득한 요리 그 자체의 예술성과 시적인 표현을 여러분과 나누기 위해 노력한다. 누군가에게 생선 한 마리를 건네면 하루만에 먹어 치우겠지만, 낚시를 가르치면 평생을 먹고 살 수 있는 법이다.

팻 노스Pat Nourse

# INTRODUCTION

## 저자의 말

나는 생선이 선사하는 새로운 기회에 끝없이 매료되고 있다. 또한 생선이 갖고 있는 미지의 잠재력을 이용해 요리하기를 즐긴다. 그리고 그 과정에서 각 생선의 풍미와 질감, 생김새는 어떻게 하면 그 가치를 최대한 살릴 수 있을지 의문에 대한 다양한 답을 끌어내기 위해 계속해서 영감을 부여한다.

나는 운이 좋게도 세계 최고의 요리사들과 함께 일한 적이 있고, 세계 최고의 농산물로 요리를 하는 즐거움도 누려왔다. 하지만 요리를 하면서 가장 기억에 남는 순간을 꼽자면, '세인트 피터'나 '피시 부처리'의 카운터에서 고객들을 만날 때이다. 그들이 이곳에서 얻게 된 생선에 대한 긍정적인 경험을 열정적으로 전해줄 때 그보다도 좋은 순간이 없다. 아내 줄리와 나는 '세인트 피터'와 '피시 부처리'라는 공간을 열면서 호주 최고의 생선 요리를 널리 알리는 것을 넘어 생선에는 필렛(속살) 말고도 훨씬 더 많은 가용 부위가 있으며 바다에는 고작 열두 종과는 비교도 안 될 정도의 많은 생선이 있다는 사실을 알리고 싶었다.

이 책은 그러한 메시지를 더 많은 독자들에게 전달하는 매개체이며 서점에서 쉽게 고를 수 있는 단순한 해산물 레시피 책이 아니다. 이 책에서는 갓 깎아낸 얼음 위에 올려져 있는, 반짝반짝 빛나는 생선의 전형적인 '부티 나는' 모습 따위는 볼 수 없다. 이 책을 통해 여러분들이 생선은 그저 비린내가 나고 우리 모두를 겁먹게 만드는 미끄덩거리면서 뼈가 많은 식재료가 아니라, 각각의 특징에 맞게 가장 잘 어울리는 조리법을 적용해야 할 식재료이면서 만졌을 때 뽀송뽀송한 느낌을 주는 친근한 존재임을 깨닫게 되기를 바란다.

15년 전 요리를 시작했을 무렵, 나는 육류의 2차 분할을 접했을 즈음부터 육류의 모든 부위를 존중하게 되었다. 당시의 노트와 일러스트, 요리책을 통해 돌이켜보면 돼지, 토끼, 소의 여섯 가지 다른 부위를 각각 한 접시에 담아 매혹적이면서 화려하고 푸짐해 보이도록 만들어 냈던 것이 얼마나 멋진 경험이었나 하는 생각이 들곤 한다. 반면에 생선은 언제나 고급스럽고 우아하고 필렛 이상의 잠재성은 거의 찾아볼 수 없는 값비싼 재료로 인식되어 왔다.

이제 내가 생선으로 하는 일련의 작업들에 어릴 때부터 고기로 요리를 하면서 얻은 지식이 엄청난 영감을 주고 있다. 통생선을 다룰 수 있다는 사실과 생선의 내장과 살을 모두 올려 예쁘게 꾸민 요리를 내는 일은 나를 짜릿하게 만든다. 버려지는 것이 적을수록 우리의 고객이 이러한 식재료에 담긴 고급스러움을 더 잘 엿볼 수 있다는 것도 흥미로운 지점이었다.

우리는 전통적으로 '쓰레기'라 여겨왔던 생선의 요소들을 더 신중하게 다루면서 생선을 가공하는 방식에 대한 우리의 사고방식을 재정비할 필요가 있다. 세상 사람들이 가장 많이 먹고 싶어 하는 요리 중 상당수가 버려지는 것들을 재활용해서 만들어냈다는 사실을 상기하자. 테린이든, 소시지든, 특별할 것도 없는 빵과 푸딩이든 이 모든 요리들은 '이렇게 남아 도는 것들로 무엇을 만들 것인가?'라는 고민에서 탄생했다. 나는 생선이라고 왜 달라야 하는지 그 이유를 모르겠다.

생선의 다양한 부위와 요리법을 완전히 이해한다면 모든 생선의 잠재적인 우수성을 충분히 활용할 수 있는 요리사로서 더 나은 위치에 설 수 있다. 내가 이 책을 통해 진정으로 알리고 싶은 것은 생선과 특정 곁들임의 페어링에 관한 고민이 아니라 생선을 더 잘 이해할 수 있는 방법에 관한 것들이다. 비록 필렛 요리에 대한 내용이 이 책의 45%를 차지하겠지만, 나머지 55%는 진정 흥미진진한 부분이 될 것이다. 후자는 생선에 대한 더 깊이 있는 탐구로의 초대임과 동시에 식품을 더 지속가능하게 다루는 방법을 배우는 장이라 할 수 있겠다.

# 이 책을 활용하는 방법
## HOW TO USE THIS BOOK

**생선에 대한 나의 철학은 버려지는 것을 최소화하고 풍미를 극대화하는 것이다. 이를 실현하기 위해 사용하는 두 가지 핵심 기술은 '통생선 조리'와 '건식 숙성(드라이 에이징)'이다.**

● 생선의 살만 구입해서 요리하는 것은 창의성을 제한할 뿐만 아니라 가용한 생선 부위의 대부분을 등한시하는 것이다(윤리적으로도, 지속가능성이라는 관점에서 볼 때도 수치스러운 일이다). 생선의 모든 부위를 사용한다는 것은 전 세계적으로 급격히 감소하고 있는 자원에 대한 존중의 표시라 할 수 있다.

● 건식 숙성은 어종 특유의 풍미와 식감을 한층 더 개선시키면서 생선을 최상의 상태로 더욱 오래 유지할 수 있도록 해준다.

이 책의 전반부에서는 외식업 종사자들에게 새로운 통찰력을 제공하는 방식으로써 이러한 기술들을 상세하게 다루고 있고 후반부에서는 이 기술들이 더 높은 단계의 창의성을 위한 레시피와 아이디어의 기반으로 소개된다. 이 책의 후반부에 등장하는 생선들은 책에서 제시하는 결과를 얻기 위해 반드시 사용해야만 하는 생선이 아님을 밝힌다. 오히려 이들은 내가 가장 좋아하는 몇몇 생선들을 뒤섞어 놓은 것이며 이는 태평양과 대서양의 다른 어종들로도 대체 가능하다. 좋은 생선 요리의 핵심은 무엇보다 자신이 요리하고 있는 어종에 대한 자신감과 이해도, 그리고 최상의 결과를 얻기 위해 선택하는 조리 기술이다.

나는 여러분이 이 책을 통해 더 다양한 어종과 이들에 대한 상호 보완적인 손질법들 가운데 최상의 것을 선택할 수 있는 영감을 얻음과 동시에 완전히 새로운 영역의 생선 요리를 더 깊이 이해할 수 있게 되기를 진심으로 바란다.

# THE KNO

WLEDGE

지식

# WHY NOT FISH

## 생선이 뭐 어때서?

나는 생선이야말로 우리 모두 그렇게나 섭취하려고 애쓰는 단백질 중 하나라 굳게 생각하고 있다. 우리는 생선이 주는 건강상의 이점을 너무나 잘 알고 있다. 그렇다면 우리의 가정에서 육류 요리에 비해 생선 요리를 자주 하지 않는 이유는 대체 무엇일까? 생선이 뭐 어때서?

다음 쪽에서는 지금까지 알려져 있는 수많은 요소들을 자세히 다룰 예정이지만 우선 대부분의 사람들이 완전히 간과하고 있는 것들에 대해 알아보자. 생선 요리는 관련된 변수들이 지독하게 많아서 다루기에 무척 어려울 수도 있다. 이 변수들은 일 년 중 언제, 하루 중 몇 시에 잡았는지 또 어떤 방식으로 잡았고 어떤 수단으로 시장까지 운송되었는지(내 경우 레스토랑에 곧장 배송되는지) 그리고 그 기간은 어느 정도인지에 이르기까지 다양하다. 생선을 어떻게 보관하고 손질했는지에 대한 의문도 존재한다. 죽은 이후에 얼음 또는 물과 접촉했는지, 비늘이 제거되었는지, 내장을 꺼냈는지, 그리고 어떻게 토막내야 할지… 하지만 이 모든 것들은 여러분이 그 생선을 어떤 방식으로 얼마나 제대로 요리할지에 대한 의문에는 도달조차 하기 전의 문제들이다.

이런 변수들을 적어서 나열해 보면 너무 많아서 그 기세에 압도되기도 한다. 그중 일부는 우스꽝스럽거나 약간 강박증처럼 보일 수도 있겠지만 이들 중 하나라도 무시한다면 각 요소들 사이의 연결고리가 끊어지면서 내가 추구하는 생선 요리의 우수성에는 닿을 수 없게 되는 것이다.

이러한 모든 변수에 대해 최선의 방식을 터득하는 것은 쉬운 일이 아니며 한꺼번에 달성하지 못할 수도 있다. 하지만 나는 이런 변수들의 통제가 '피시 부처리'와 '세인트 피터'에서 우리가 그토록 성취하려고 애쓰는 것 그리고 우리들만의 차이점을 실현시켜 줄 것이라고 믿어 의심치 않는다. 그리고 이런 변수의 통제에 대한 이해는 다음 쪽에 자세하게 설명되어 있는 나머지 요소들과 함께 여러분이 가정에서 생선을 요리하는 방식에도 커다란 변화를 가져다 줄 것이다.

## 1. 우리는 생선에 대한 지식 또는 생선 요리에 대한 이해가 부족하다(혹은 둘 다!)

생선에 대해 부정적인 경험을 하게 되면 대체로 우리는 그것을 접하기 이전의 평온했던 상태로 돌아가길 원하거나 그 생선을 두 번 다시 먹거나 요리하지 않으려 한다. '세인트 피터'와 '피시 부처리'에서 더 많은 고객과 교류할수록 나는 그들이 대부분의 경우 집에서 요리해야 하는 날생선의 구매를 꺼리거나 (운반을 쉽게 하기 위해) 너무 딱딱한 용기에 담으려 한다는 사실을 알게 되었다.

통생선이나 생선의 순살(필렛) 요리에 대한 긍정적인 경험을 갖기 위해서는 생선 판매상과 심도 있는 대화를 나누어야 한다. 하다 못해 스마트폰이라도 꺼내 들어 검색을 해보아야 한다. 그래야 뭐가 됐든 일단 팬에 지져야 한다는 생각을 넘어서는 기본 지식을 얻게 되는 것이다.

우리는 모두 생선을 요리하고 다룰 때 이 식재료가 닭의 뼈 없는 넓적다리보다 더 세심한 주의를 요하는 비교적 비싼 상품이란 사실을 잘 알고 있다. 하지만 여러분이 원하는 것이 뼈 없는 생선 살이라면 전문가와 대화를 나누면서 그것이 합당한지부터 알아봐야 한다. 요즘은 우리가 먹는 음식과 소비자의 연결고리가 점점 느슨해지고 있기에 그럴수록 식품을 취급하는 사람들과 자유롭게 대화를 나눌 수 있고 또 그래야만 한다는 사실을 염두에 두어야 한다.

통생선을 구매한다면 집으로 가져가 직접 비늘을 벗기고 내장을 제거하고 포를 뜨는 작업이 무척 고될 뿐만 아니라 시간도 많이 소요될 것이다. 그러니 생선 가게의 종업원에게 그들 입장에서 뭔가를 고른다면 어떤 것이 최선인지, 무엇을 추천할지 물어볼 수 있다는 것을 기억해 두자. 또는 생선을 구입하기 전에 그 생선과 관련된 장애 요소들이 무엇인지 미리 생각해 두었다가 이를 판매자와 상의하는 방법도 있다.

우리가 생선을 부담스럽게 느끼고 저항감을 갖는 이유는 아마도 우리가 구입하는 생선의 품질뿐만이 아니라 그 생선들에 적용하고 있는 단순한 요리법 때문일지도 모른다.

조리 중인 생선을 건드리고, 눌러 보고, 냄새를 맡아서 제대로 익었는지 확인할 수 있는 능력자는 극소수에 지나지 않겠지만 어쩌면 그 능력이란 것은 우리의 예상보다 단순할 수도 있다. 정해진 시간과 온도를 지키는 등 좀 더 세심하게 조리하는 것만으로도 여러분이 생선에 대해 느끼는 장벽을 없앨 수 있다. 이 책에는 생선에 적용할 수 있는 여러 조리 기술들에 관한 설명, 다양한 어종에 대한 제안, 동시에 생선 한 마리를 남김 없이 최대한 활용하려면 특정 방식으로 요리할 때 무엇을 고려해야 하는지에 관한 구체적인 조언이 담겨 있다.

---

## 2. 산지에서 잡은 품질이 좋은 생선은 구하기가 어렵고 비싸다

생선을 항상 변치 않고 언제든 구할 수 있는 상품으로 여겨서는 안 된다. 생선이 제철의 식재료로 취급되는 경우가 드물고 또한 다수의 생선이 일 년 내내 비슷한 맛과 질감을 유지한다는 점은 늘 아쉽다. 아스파라거스도 일 년 내내 구할 수는 있지만 봄의 초입에 이르러 그 뾰족한 끝부분이 주방에 내려 앉는 완벽에 가까운 순간은 여느 때의 아스파라거스와 견줄 수 없으니 말이다. 여름의 시작을 알리는 복숭아의 매혹적인 꽃 향기가 한겨울에 베어 문 복숭아의 한 입에서는 느껴지지 않는 것과 마찬가지다. 비슷한 양상으로 호주에서 서늘한 겨울철에 제철인 거울 도리mirror dory는 아주 훌륭한 생선이지만, 사촌 격이며 더 매력적으로 여겨지는 생선인 달고기(존도리)John dory로 인해 진정한 가치가 다소 간과되고 있다.

### 다른 바다 생선(해수어)
Other fish in the sea

특정 생선을 요리하거나 먹을 때의 좋지 않은 경험은 다른 종으로까지 확대되는 결과를 초래할 수 있다. 연어는 식탁에 오르는 생선 중 가장 인기 있는 생선이며 거의 모든 생선 가게에서 쉽게 구할 수 있는 생선 중 하나다. 대부분의 야생 어류와 비교하자면 껍질이 벗겨져 있고, 뼈도 제거되었으며 영양가도 풍부할 뿐만 아니라 지방 또한 더 많이 함유하고 있다. 특히 수분 함량도 높아서 이보다 기름기가 적고 요리할 때 메마르기 쉬운 고등어, 갈전갱이(또는 숭어), 심지어 양태Flathead 또는 도미보다 다루기가 훨씬 덜 꺼림칙하다. 연어는 대부분의 경우 비어 있는 캔버스 정도로 여겨지는데 우리를 감탄하게 할 만한 풍미의 뉘앙스가 없는 대신 마리네이드, 소스 그리고 거의 모든 요리 과정이 적용될 수 있을 정도로 매우 다재다능하기 때문이다. 한 해로 보자면 때때로 꽤 많은 양의 다른 어종들이 연어보다 저렴한 가격에 들어오지만, 연어는 일 년 내내 가격과 품질의 변동이 거의 없고 언제나 먹을 수 있기에 많이 찾는 생선이다.

달고기는 잘 다루면 그 식감이 매우 뛰어난데 거울 도리는 최상의 상태가 아니면 살짝 물러지는 경우가 많고 살의 두께가 얇기에 요리하는 것 자체가 다소 모험일 때도 있다. 거울 도리는 일 년 중 겨울에 가장 훌륭한 맛을 낸다. 육질이 단단하고 껍질 아래에 두터운 지방층이 깔려 있으며 살이 훨씬 두꺼워서 따뜻한 시기에 잡혔을 때보다 영양 상태가 훨씬 좋은 편이다. 그 결과, 내장은 전체 생선 무게 대비 최대 20% 정도다.

제철의 절정기에 잡힌 최상의 생선은 독자적인 요리로서 요리사가 고객들에게 자신감 있고 당당하게 제공할 수 있으며 생선의 모든 부위를 한 접시에 담을 수 있다. 이는 버려지는 것이 적다는 의미이기도 하다. 다시 말해 요리사가 제철의 생선을 생각하기 시작하면, 식재료가 절정의 순간에 달했을 때 그것을 최대한 활용해서 음식을 낼 수 있는 기회를 갖게 되는 것이다.

그리고 가격에 대한 문제가 있다. 평범한 성인 남성이 저녁거리로 소를 잡으러 갈 수는 없겠지만 생선이라면 충분히 가능하다. 그런데 그가 왜 그리 많은 돈을 지불하면서까지 생선을 구입해야 하는가. 자, 그 생선의 가격은 어부에게 있어 동물을 키우는 농부가 경험하는 것과 같은 수준의 고단한 노동을 의미한다. 생선의 유약함 또한 비용에서 한몫을 차지한다. 일단 생선이 물 밖으로 나오면 그 즉시 종말을 향한 시곗바늘이 돌기 시작하고 최고의 거래가는 관련된 모든 이들에게서 최상의 인정을 받아야 얻을 수 있다.

어종의 이름 또한 가격표의 숫자나 가치의 척도를 결정할 수 있다. 전 세계에는 무려 100여 종 이상의 도미가 있지만 이 생선의 이름에 대한 소비자의 인식에 따르면 가장 거래량이 많은 종은 극소수에 불과하다. 예를 들자면 일반적인 도미보다 훨씬 저렴한 제철의 갈돔(nannygai:적색퉁돔과 아주 유사한)은 낚시로 잡아 뇌 찌르기ikejime를 거쳐 어린 아이의 생애 첫 크리스마스 선물처럼 멋지게 포장을 해도 '피시 부처리'에서 가장 늦게 팔릴 것이 뻔하다. 사실 이 생선이 진열대에 보란 듯이 놓여 있으려면 '호주산 토종 적색퉁돔'이라는 라벨이 붙어 있는 편이 더 나을 수도 있겠다.

이 책의 후반부에서는 저평가되고 덜 알려진 여러 어종을 활용한 요리를 제안하고 있다. 또한 가장 좋은 어종을 계절의 변화에 따라 구할 수 없게 되거나 인근 해역에서 찾기 어려울 경우를 대비해서 대체 어종에 대해서도 자세하게 제시하고 있다.

---

### 3. 생선은 유통기한이 짧다

생선의 짧은 유통기한은 빠른 부패 속도(자세한 내용은 78쪽에 비린내 나는 생선 참고)와 함께 우리가 생선을 더 많이 요리해서 먹고자 하는 노력에 찬물을 끼었곤 한다. 그러나 이 문제는 주로 우리가 생산하고 보관하는 과정에서 기인되는 것이다.

우리가 슈퍼마켓이나 생선 가게에서 구매한 수많은 생선(순살이든 통생선이든)은 생산 과정에서 여러 번 흐르는 물에 씻겨진 다음, 며칠 동안 보관된 후 여러 손을 거친다. 또한 비닐로 말아서 종이로 싸고 진공으로 밀봉하거나 다시 플라스틱 용기에 담아 냉장고에 보관될 준비를 마치게 된다.

흐르는 물에 씻겨졌다고 가정하면 이 '축축한 생선'은 그 수분 잔량을 그대로 유지하게 되며 포장지 안에 들어가 있는 시간 동안 보관 용기 내부에는 결로가 생긴다. 이 습기는 세균의 성장을 촉진시킨다. 우리가 흔히 옳다고 여겨왔던 행위들(피나 잔여물을 제거하기 위해 철저히 세척하는 행위)은 그저 생선의 짧은 유통기한에 원인 제공만 하는 꼴이다.

다행스럽게도, 상행위 전반에 걸친 생선의 건식 취급법은 가정에서의 올바른 준비 및 보관과 함께 생선의 과도한 수분 문제를 해결하는 데 많은 도움을 줄 수 있다. 여러분은 생선 요리에 대한 이해와 숙련도에 큰 변화를 가져올 이 원리를 반드시 숙지해야 한다. 이러한 수분 제거의 원리를 이해했다면 다음 단계로 넘어갈 수 있다. 즉 통제된 환경에서의 건식 숙성 실험으로 생선의 풍미 프로파일(Flavour profile : 맛의 구성 요소들을 다이어그램처럼 나누어 설명하는 방식-역주)에서 특정 뉘앙스를 높이거나 촉진할 수 있게 된다.

## 도구
### Equipment

가정에서 생선 요리를 꺼리는 이유가 장비가 부족하기 때문일까? 화려한 도구들로 가득찬 주방 따위가 멋진 생선 요리를 담보하지는 않는다. '세인트 피터'의 주방은 이 문제의 핵심을 직시하고 있다. 이 말은 곧 우리가 사용할 수 있는 '도구들kit'의 수가 매우 제한적이라는 의미이다. 얇은 블랙 팬 8개, 작은 소스 팬 6개와 중간 크기의 소스 팬 2개, 2구 튀김기, 1구짜리 타겟 탑 스토브, 인덕션 1개, 일본산 바비큐 화로 2개, 그리고 각 서비스에 제공되는 타르트를 굽는 전문가용 오븐 하나가 전부다. 아래에 나오는 도구 목록은 생선 요리의 필수품이라고 생각하는 것들이지만 가장 중요한 규칙을 잊어서는 안 된다. 여러분이 구입하는 생선에 대한 투자야말로 가장 간단하면서도 최선의 투자가 되리란 사실이다.

### 필수 도구

- 주물 프라이팬
- 딱 맞는 뚜껑이 있는 소스 팬
- 뼈 제거용 플라이어와 족집게
- 생선 저울
- 다양한 길이의 휘지 않는 예리한 칼
- 도마
- 긴 족집게(가느다란 집게)
- 오프셋 팔레트 나이프

## 4. 굳이 좋은 생선의 맛을 알 필요는 없다

호주의 뉴사우스웨일즈(NSW) 메이틀런드에서 자란 나와 생선의 첫 조우는 지금처럼 우아한 모습이 아니었다. 아무리 기억을 되살려도 어머니께서 점심시간에 드셨을 법한 통조림 참치와 흐물거리는 아스파라거스, 저녁 시간이 되어 찬장에서 꺼낸 다음 샐러드 채소 위에 그대로 들이부은 벌건 기름이 흥건한 통조림 연어, 동네 카페에서 먹었던 캔에서 꺼낸 예쁜 화이트 앤초비가 올려진 시저 샐러드에 그쳐있다. 그 시기의 나는 참치가 실제로는 진홍색의 살에 냄새가 거의 없는 생선이며 연어의 살은 오렌지색이고 그 '부티'나는 흰색 앤초비가 식초에 절여지기 전에는 싱싱한 생선으로 삶을 시작했다는 사실을 알지 못했다.

어릴 때 제대로 된 요리를 접할 기회가 부족한 탓이기도 하지만 이런 경험을 하는 것은 정상적인 현상이다. 우리들 대부분은 생선이나 해산물에 대한 기본적인 이해나 감상 없이 무작정 어린 시절을 보낸다. 어릴 때부터 집 근처에서 잡히거나 중앙 어시장에서 구입한 다양한 생선을 접해온 사람들이 있는가 하면 참치, 연어, 앤초비 그리고 가끔씩 크리스마스에나 맛보는 왕새우(참새우) 밖에 모르는 사람들도 있다.

비슷한 예로 우리가 생선의 맛을 거론할 때 향수郷愁에 관한 이슈를 논하지 않을 수 없다. 피시 앤 칩스fish and chips를 예로 들어보자. 이 요리는 지구상에서 가장 잘 알려진 생선 요리이기도 하고 잘 해내기 어려운 생선 요리이기도 하다. 이 요리의 경우 최고의 결과물을 얻을 수 있는 변수는 약 15개이며 우리는 이 중 13개의 변수만 통제할 수 있다. 통제 불가능한 나머지 두 변수는 고객의 손에 달려 있다. 첫째, 타이밍은 어느 정도 예측이 가능하다(현대의 요리사는 고객이 식사를 시작하기 전에 몇 장의 사진을 찍은 다음 인스타그램에 업로드하리라는 사실을 고려해야 한다). 하지만 둘째, 사랑하는 사람과 하루 중 딱 좋은 시간에 가장 완벽한 장소에서 피시 앤 칩스를 함께 먹었던 순간에 대한 고객의 기억은 어찌할 도리가 없다. 그들에게는 레스토랑(아니면 다른 곳이라도) 수준의 환경에서 그것을 요리하기 위해 쏟아부은 각고의 노력과 상관없이 그 어떤 것도 그날의 완벽했던 피시 앤 칩스를 능가할 수는 없을 것이다.

좋은 생선의 맛을 제대로 즐기려면 우선 생선을 다루는 방법(39쪽 생선 정육의 기본 참고)에 적응하는 것부터 시작해야 한다. 그런 다음 물에 닿지 않은 상태로 가장 순수한 형태의 생선을 맛봐야 한다. 생선을 날것으로 먹어 보면 그 생선이 부드러운지 탄탄한지 그리고 살이 기름진지 그렇지 않은지를 결정할 수 있는 질감을 파악하는 데 도움이 된다. 그외에도 나는 생선을 약간 삶아 보면 그 생선의 진정한 풍미가 어떤 것인지 알아차릴 수 있는 통찰력을 갖게 된다는 사실 또한 발견했다. 이렇게 하면 복잡한 과정을 거치지 않으면서도 특정 생선의 맛에 알맞은 표현법 즉 조리법을 선택할 수 있는 것이다.

# SOURCING

## 구매

매일 아침 나는 하루 중 가장 즐거운 순간을 맞이한다. 바로 시장의 거래처 담당자로부터 내가 고를 수 있는 생선의 목록이 가득 찬 문자를 받을 때다. 이러한 교감은 레스토랑과 정육점에서 최선의 선택을 할 때 매우 중요한 역할을 한다. 이러한 관계 외에도 우리는 현지, 인접한 지역의 어부와도 직접 거래를 하고 있다. 이를 통해 우리는 좀 더 큰 사업을 도모할 수 있고 시장을 거치는 과정과 중개인과 관련된 비용 일부를 절약할 수 있다.

또한 어부들과 날씨와 관련된 문제든 다른 예기치 못한 문제든 간에 내내 대화를 나누게 되는데 이는 우리 레스토랑의 팀원들이 그들의 세계와 그들이 고군분투하는 과정에 대에 대해 통찰하는 안목을 지닐 수 있게 해준다. 이는 생선 가격의 가치와 더불어 일부 생선의 경우 특정 지역에 한하여 사용할 수밖에 없는 이유를 이해하는 데 단서가 되어주기 때문이다. 셰프와 어부 간의 직접적인 친분은 우리가 FOH(Front Of House:주방의 반대쪽, 홀) 팀에게 다양한 어종에 대한 교육을 가능케 할 뿐만 아니라 특정의 생선이 어디에서 왔는지도 알 수 있게 해준다. 고객의 저녁 식사를 마련한 어부의 이름을

당당히 말할 수 있는 것은 생산자와의 친분을 넘어선 강한 자부심의 표출이다. 생선의 근원에 대한 지식은 우리에게 생선의 풍미 프로파일 또한 알려줄 수 있다. 만약 여러분이 맛본 생선이 갑각류나 해초를 먹고 살았다는 사실을 알고 있다면 구별되는 맛을 인식하는 것이 조금 더 쉬울 수도 있다. 생선의 맛을 이해하는 것은 이들과 잘 어울리는 가니시를 정하거나 나아가 조리 방식을 논리적으로 결정하는 데에도 도움이 된다. 흔히 생선의 풍미는 잠재적인 풍미 프로파일을 가장 잘 부각시키고 소비자로 하여금 선택의 폭을 넓히도록 독려할 수 있는 실질적인 단어가 아닌 포슬포슬한, 크림처럼 부드러운, 맛있는 따위의 형용사로 묘사되곤 한다. 너무나 많은 생선들이 이렇게 받아들여진 프로파일에 의해 나쁜 평가를 받고 열등하게 취급되어 버려진다.

그러나 이러한 문제를 고민하기 이전에 품질과 관련해서 우리가 실제로 추구하는 것이 무엇인지부터 이해하는 것이 중요하다. 소비자로서 가져야 할 여러분의 본능은 훌륭한 생선을 구매할 수 있는 최상의 입지를 확보하는 것이다. 그러기 위해서는 다음의 세부 사항들을 모두 고려해야 한다.

## 1. 두텁게 덮여 있는 점액질과 광이 나는 외피는 그 생선의 상태가 좋다는 첫 번째 신호다

이것은 생선 전체를 뒤덮고 있는 비늘을 보고 판단할 수 있는 사항이다. 생선의 점액은 처음 생선에 관해 공부하기 시작했을 때부터 나에겐 늘 신비로운 존재였다. 점액은 기본적으로 질병을 야기하는 병원균을 가두어 놓아 바다의 극한 환경으로부터 생선을 보호하는 역할을 한다. 점액 속의 항체와 효소는 생선을 보호하기 위해 병원체들을 적극적으로 공격한다. 병원균이 함유된 오래된 점액층이 떨어져 나가면 새로운 점액으로 대체되고 그렇게 병원균이 사라지는 것이다. 생선에 눈으로 확인 가능한 손상이나 결함이 있을 경우 취급 불량, 장시간 얼음과의 접촉, 온도 제어에 문제가 발생했음을 짐작할 수 있다.

## 2. 생선의 눈은 건강하고 싱싱한 생선을 판단하는 결정적 요소다

생선의 눈은 둥글납작하고 대가리에서 약간 튀어나와 있으면서 촉촉하고 밝고 맑아 보여야 한다. 하지만 모든 면에서 최상의 상태로 보이는 생선이라도 약간 흐리고 뿌옇게 보이는 눈을 가질 수도 있는데 이는 주로 잡힌 이후 너무 빨리 냉장되었기 때문이다.

**NOTE :** 싱싱한 생선의 조건을 충족하고도 대가리에서 다소 심하게 튀어나온 눈을 가진 생선이 보인다면 아무 이상이 없는 생선이니 안심해도 된다. 이는 기압 변화에 따른 것으로 심해 어류가 아주 깊은 곳에서 포획되어 수면 위로 올라오면 그로 인해 발생하는 기압의 큰 변화로 다른 어종보다 눈이(종종 위장 또한 그러하다) 더 튀어나오는 것이다.

## 3. 싱싱한 생선이라면 비린내가 나서는 안 된다

대부분의 공급업자나 판매상은 그들이 진열한 생선에 손님이 손대는 것을 허용하지 않을 것이기 때문에 결국 후각에 의지하는 것이 최선이다. 내가 20일 넘게 건조 숙성하는 생선도 냄새가 거의 나지 않는다. 생선에서는 오로지 산뜻한 바다 내음과 더불어 오이 또는 파슬리 줄기에서나 날 법한 미네랄계의 향만 나야 한다. 만에 하나 생선에서 비린내와 함께 암모니아나 산화된 혈액과 같은 악취가 난다면 일단 피하는 것이 최선이다. 슬픈 사실이지만 여러분이 아무리 대단한 요리 천재라 하더라도 비린내 나는 생선을 바로잡기 위해 할 수 있는 일은 거의 없다.

## 4. 무지개 빛이 감도는 붉은 아가미는 생선의 신선함을 담보하는 지표다

생선은 아가미를 통해 물을 집어넣고 그 물은 무수히 많은 작은 혈관을 스치면서 흐른다. 이 과정에서 산소가 혈관의 벽을 통과해서 혈액 속으로 들어가고 이산화탄소가 배출된다. 아가미가 붉을수록 더 싱싱한 생선이다. 생선의 외피에는 끈끈한 점액질이 있는 것이 이상적이고 아가미는 살짝 메마른 듯하면서 이물질이 없이 깨끗해야 한다.

**인식의 문제 : 노랑촉수**

생선에 대한 고객의 왜곡된 인식의 대표적인 예는 노랑촉수(붉은 숭어)다. 이 생선에 관해 그 누구와도 대화해보지 않은 고객이라면 '그 생선은 진흙탕에서 흙을 먹으면서 자랐을지도 모를 비린내 나는 숭어가 분명하다'는 결론을 미리 내렸을지 모른다. 하지만 이러한 선입견과는 달리 노랑촉수는 다량의 갑각류를 섭취하는데 그로 인해 우리는 이 생선의 풍미 프로파일이 랍스터나 게 그리고 새우와 비슷하다는 사실을 알게 되었다. 생선을 구매할 때 전문적인 지식을 가진 분야의 종사자와 대화를 나누면 올바른 선택에 도움이 되리라고 확신한다.

**5. 생선이 얼어 있다면 동결화상이나 얼음 결정이 있는지 잘 살펴야 한다**

이런 부분이 눈에 띄었다면 그 생선은 한 번 해동되었다가 다시 냉동되었다는 뜻이며 이는 결국 품질에 영향을 미친다. 풍미나 질감에 있어서는 전반적으로 자연산이 우수하지만 냉동된 상품이 유일한 선택지일 경우엔 전문 셰프도 종종 양식을 더 선호하기도 한다. 일단 냉동 생선을 선택하기로 했다면 어떤 생선이 냉동상태에서 더 나은지를 알아야 한다. 도미나 대구처럼 지방이 적은 흰살생선은 냉동되었을 때 메마르는 경향이 두드러진다. 그러나 지방이 많은 종류인 참치나 스페인 고등어의 경우 냉동되었을 때도 그 상태가 양호하다.

---

이러한 신선도 품질 지표에 따르자면, 우리가 '피시 부처리'와 '세인트 피터'에서 행하는 생선의 숙성과 연관된 작업들이 얼핏 위선적으로 보일 수도 있겠다. 하지만 숙성된 생선에서는 대단히 독특한 풍미와 질감의 프로파일이 만들어지기 때문에 우선 가장 신선한 생선을 찾아서 이를 잘 다루는 것이 매우 중요하다.

드디어 지속가능성을 언급할 때가 왔다. 생선의 지속가능성에 관한 주제는 가정에서 요리하는 사람과 전문 요리사 모두를 혼란스럽게 한다. 나는 지속가능성을 세 가지 접근 방식이 필요한 주제라고 본다. 우선 각 어종의 재고 현황을 파악해야 한다(이 정보는 해당 지역의 수산 행정 기관에서 온라인으로 확인할 수 있다). 두 번째로 생선을 잡아 올린 어부들의 전반적인 업무를 알아야 한다. 여러분이 선택한 생선이 커다란 저인망 그물로 훑어서 잡는 것인지 아니면 한 마리씩 낚시로 잡아 올리는 것인지 알고 있는가? 마지막으로 주방에서의 낭비를 최소화해야 한다. 생선을 주의깊게 다룬 다음 적절하게 보관해서 유통기한을 최대한 늘리고 더불어 내장이 포함된 통생선을 사용함으로써 해결할 수 있다. 이 문제에 관해서는 다음 쪽에서 더 깊이 다루어 보겠다.

**건조한 상태로 다루기**

생선을 통째로 구매한다면 종업원에게 비늘과 내장을 제거할 때 물을 사용하지 말아 달라고 부탁하자. 이 요청이 받아들여지지 않는다면 비늘과 내장을 집에서 제거하는 것이 최선이다. 생선의 비늘과 내장을 집에서 제거하면 그 냄새가 몇 주 동안이나 진동할 것이라 생각하겠지만 적절하게 다루기만 하면 운반을 위해 수돗물에 세척한 다음 비닐로 포장한 생선보다 냄새가 훨씬 덜할 것이다.

# STORAGE
# & DRY-AGEING

## 저장과 건식 숙성

'갓 잡은 것이 최고다'라는 말은 생선에 관한 한 가장 과용되는 말인 것 같다. 사람들이 배에서 잡아 올린 생선을 그 즉시 먹는 것을 즐기는 이유는 그 생선에서 아무 맛도 나지 않기 때문이다.

갓 도축한 소와 갓 낚아 올린 생선은 향과 풍미가 거의 없다는 점에서 매우 유사하다. 그러나 이 소를 건식 숙성하게 되면 수분이 줄어들고 동물의 단백질 안에 있는 효소가 결합조직을 분해하면서 맛과 농밀함을 개선시킨다. 결과만 놓고 봤을 때 생선의 건식 숙성도 비슷하긴 하지만 여기서 이루고자 하는 목적은 육류의 그것처럼 결합조직을 분해하는 것이 아니라 생선 내부에 존재하는 수분의 양을 줄여 그 맛을 한층 더 개선하는 것이다. 소고기의 숙성과 마찬가지로 생선의 숙성 과정 또한 온도와 습도를 주의깊게 관찰할 수 있는 통제된 환경을 필요로 한다.

생선에 최적인 저장 조건은 건식 숙성 조건과 동일하며 이는 저장과 건식 숙성이 동시에 진행되는 이유이기도 하다. 여러분이 선택한 생선은 이러한 조건 하에서 더 오래 저장할 수 있다.

생선을 저장하는 방법은 판매되는 상태 그대로의 생선을 박스째 받거나 시장 또는 상점에서 약간의 생선을 골라 담아 집으로 들고 오거나 똑같다.

먼저, 들여온 생선은 절대 수돗물에 헹구지 않아야 한다. 이상적으로는 여러분의 생선이 마지막으로 물과 접촉한 순간은 바다를 떠나기 직전이어야 한다. 이는 생선을 준비하는 내내 지켜져야 할 규칙이다. 일반적으로 생선은 시장에서 비늘과 내장을 제거하는 과정 내내 헹궈지는데(상업적으로는 부피를 유지하는 데 이점이 있는 것으로 보인다) 이런 이유로 나는 여러분이 직접 비늘과 내장을 제거했으면 한다.

# 비늘 벗기기
## SCALING

보리멸, 동갈치, 청어와 같은 소형 생선들의 비늘은 작은 칼이나 헤드가 작은 생선 스케일러 또는 숟가락으로도 벗길 수 있다.

1. 스케일러를 생선의 꼬리에서 머리를 향해 천천히 움직이면서 몸통 전체를 차근차근 훑는다. 이때 비늘이 떨어져 나갈 정도의 압력만 가해야 한다(비늘이 사방으로 튀는 걸 최소화하려면 깨끗하게 비운 쓰레기통이나 쓰레기 봉투 안에서 작업을 하는 방법이 있다).

2. 모든 비늘이 제거되었다는 확신이 들 때까지 계속 작업한 다음 종이 타월로 생선과 도마를 깨끗하게 닦는다.

---

1. 대형 생선(접시를 꽉 채울 정도 또는 더 클 경우)의 비늘은 칼질이 능숙하다면 스케일러로 벗기지 말고 잘라내야 한다. 손질은 꼬리 끝에서부터 시작하는데 생선을 눕힌 상태에서 평행하게 칼을 쥐고 생선의 비늘과 껍질 사이의 틈 반대 방향으로 힘을 준다.

2. 칼날이 껍질과 비늘 사이로 미끄러져 들어갈 수 있도록 칼의 각도를 매우 예각으로 유지한 다음 앞뒤로 움직이면서 비늘을 긴 조각으로 잘라 내기 시작한다. 목표는 생선에 밀착된 껍질은 남긴 채 비늘만 제거하는 것이다. 처음 몇 번의 시도에서는 생선의 속살이 드러날 정도로 구멍을 낼 수도 있다. 겁먹을 필요 없다. 그냥 칼을 고쳐 쥐고 계속 진행한다. 벗겨낸 비늘은 다른 레시피에 사용하도록 보관한다(69쪽 참고).

나는 몇 가지 이유로 대형 생선의 비늘이라면 이런 방식으로 벗겨 내기를 추천하는데, 칼이나 스케일러로 긁어 제거하면 비늘을 단단히 붙들고 있는 모공에서 비늘이 뜯겨져 나가게 된다. 이렇게 되면 생선을 헹구거나 물에 담갔을 때 그 물을 그대로 빨아들이게 되어 문제가 된다. 비늘을 잘라내면 생선의 피부가 보존되기 때문에 생선을 보관할 때 일종의 장벽 역할을 한다. 이러한 방식으로 준비된 생선은 껍질을 그대로 둔 채 조리하는 팬 프라잉에 더 알맞아서 최종적으로는 파삭하게 부서지는 식감을 제공한다.

# 내장 제거하기
## GUTTING

생선의 내장 제거는 그 생선을 저장하거나(이 경우 통생선 내부에 남아 있으면 생선의 상태가 급격히 나빠진다) 내장을 사용하려고 할 때만 해야 한다고 생각한다(물론 나도 이렇게 하고 있고 추천하기도 한다). 생선 포 뜨기에 익숙한 요리사들에게는 생선 내장 제거가 큰 의미가 없을지도 모르겠다. 여러분이 바로 포를 뜨고자 한다면 포를 뜰 때 칼로 내장에 구멍을 내지 않도록 주의해야 한다. 경험이 부족한 사람들은 내장을 미리 제거하는 편이 포를 뜰 때 훨씬 유리하다.

1. 생선 내장을 제거하려면, 우선 아주 예리한 칼로 생선의 항문 부위를 절개한다. 칼의 뾰족한 끝만 사용해서 생선의 턱 아래에 있는 아가미까지 절개한다.

2. 흉강이 열리면 아가미와 쇄골 앞뒤에 자리잡고 있는 막을 분리한다.

3. 양손으로 흉강을 완전히 펼쳐서 내부의 장기들을 노출시킨다.

4. 이제 아가미를 꼬리 쪽으로 당겨 낼 수 있으며 내부의 모든 장기들이 별다른 저항 없이 한 덩어리로 딸려 나온다. 제대로 되었다면 여러분은 도마 위에서 아가미를 들고 있을 테고 그 아래로는 내장이 매달려 있을 것이다.

5. 종이 타월로 흉강 내부와 표피를 매우 깨끗하게 닦아낸다. 내장은 따로 보관한다.

# 저장하기
## STORAGE

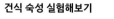

### 건식 숙성 실험해보기
**Experimenting with dry-aging**

궁극적으로, 완벽하게 숙성된 생선은 다즙성을 간직한 신선한 상태로 제공되어야 한다. 스페인 고등어, 참치, 황새치 같은 생선들은 장기 숙성하기에 아주 좋은 어종이다. 이들은 지방 함량과 근성분의 밀도가 높은데 나는 이 두 요소가 생선의 장기 건식 숙성에 유리하다는 사실을 발견했다. 존도리, 도미, 가자미처럼 조직의 특질이 비교적 더 잘 알려진 생선은 최적의 풍미와 질감에 도달하기까지 4일이면 충분하다. 다만 숙성이 잘 안 되는 생선도 있는데 명태, 청어, 참고등어 등이 그 예로 갓 잡았을 때가 가장 맛있다. 그 이유는 이들 생선의 경우 지방과 함께 수분 함량도 적어서 장기 숙성이 진행되는 동안 너무 많은 수분 손실이 뒤따르기 때문이다. 생선을 숙성하게 되면 다양한 변수가 주어진다. 생선 한 덩이를 여러분의 냉장고에 넣고 냉장고의 기능이 어떤 영향을 미치는지 또는 특정의 어종이 그 상태를 어떻게 견뎌내는지 매일 관찰해보자. 어떤 생선의 경우 이들이 숙성되는 동안 여러 번에 걸쳐 맛의 절정에 도달할 수도 있다. 그리고 여러분은 매일 이들을 맛보면서 그 맛의 절정기가 언제인지 스스로 터득하게 된다. 상업용 건식 숙성에 관한 정보는 247쪽 부록을 참조하자.

비늘과 내장을 제거했고, 물에 닿지 않은 생선은 이제 저장하기만 하면 되는 상태다. 생선의 저장은 생선의 크기와 냉장고의 성능에 따라 다양하게 적용될 수 있다. 생선 저장의 핵심 원리는 다음과 같다.

- 저온, 가급적이면 -2℃에서 2℃: 이 온도 이상에서는 생선이 빨리 변질된다.

- 저습: 생선 표피에 있는 수분을 남겨두지 않는 것이 저장 환경에서는 매우 중요하다. 건조한 표피는 팬에 지질 때 바삭한 껍질을 만드는 데 필수적이다.

- 특정 표면과의 접촉을 통한 습윤 방지: 생선의 표피는 오랜 시간 특정 표면에 접촉한 채로 방치되면 습윤해진다. 쟁반이나 접시에 놓아둔 생선은 결국 즙이 흘러나와 그 아래에 고여 웅덩이를 만든다. 이 즙은 변질 과정을 가속화하고 비린내의 원인이 된다. 이를 방지하려면 대형 어류는 정육 고리에 꿰어 저장소에 매달아야 하고 소형 어류와 살은 타공된 스테인리스 재질의 트레이에 올려 두어야 한다.

- 건조 방지: 간접 냉각 방식의 냉장고에 별다른 보호조치 없이 넣어둔 생선은 금방 건조해져서 결국 육포 같은 상태가 된다.

가정에서는, 생선을 구매한 뒤 이틀 내에 요리를 하는 것이 좋다. 이 경우 저장하기 전에 생선의 포를 뜨는 것이 바람직하고 특히 냉장고에 별도의 여유 공간을 두는 것이 좋다. 당연하게도 여러분은 냉장고 팬의 바람에 생선이 마르거나 변질을 촉진시키는 즙이 유출되는 것을 원치 않을 것이다. 이를 방지하려면 빠져나온 즙이 생선에 닿지 않고 고일 수 있도록 트레이 위에 받침 망을 놓고 그 위에 생선의 표피가 위로 향하도록 올려 놓으면 된다. 망은 대체로 스테인리스 재질이 아닌 경우가 많다. 따라서 생선과 여타 금속과의 사이에서 일어날 수 있는 일체의 반응을 방지하기 위해 망과 생선 사이에 유산지를 깔기도 한다. 생선 살의 건조를 방지하려면 뚜껑을 덮지 않은 상태로 채소 칸에 보관하면 된다(채소 칸이 가득 찬 상태라면 생선이 마르지 않도록 비닐 랩을 느슨하게 씌워서 냉장고의 본실 팬 아래에 두면 된다).

여러분이 채소 칸과 비닐 랩 중 어느 것을 선택했든 생선을 요리하기 전에 냉장고의 본실에다 랩을 벗기고 약 두 시간 정도, 또는 만졌을 때 건조한 느낌이 들 때까지 표피를 천천히 말려야 한다.

생선을 이틀 이상 보관하게 된다면 뼈를 제거하지 말고 통째 두어야 한다. 이렇게 하면 생선 살에 수분이 직접 닿는 것을 막아서 박테리아의 증식을 최소화할 수 있다. 먼저, 여러분의 냉장고에 들어갈 만한 통생선을 선택하자. 비늘과 내장을 제거한다. 대가리는 바로 사용할 수 있도록(40쪽 대가리 해체 참조) 쇄골과 함께 잘라 내는 것이 최선이다. 이들은 문을 자주 여닫아서 온도 변화가 심한 가정용 냉장고에서는 제대로 숙성되지 않는 부위다. 타공 트레이에 생선을 올리고 통기구가 열린 채소 칸에 생선을 보관한다. 이렇게 하면 생선은 가장 낮은 온도로 유지되면서 완전히 말라버리지 않는다. 매일 냉장고에서 생선을 꺼낸 다음 종이 타월로 표피나 흉강 안에 응집되어 있는 것들을 조심스럽게 닦아준다. 냉장고가 팬 방식이 아니라 냉각 코일 방식일 경우 소형 어류를 정육 고리나 케이블 타이로 꿰어 냉장고 선반에 매달아 놓을 수도 있다.

◀ 숙성된 날개다랑어 : 20일(왼쪽), 3일(오른쪽)

# FISH AS MEAT

## 육류로서의 생선

전 세계적으로 육류는 훌륭한 단백질 공급원으로 취급받고 있다. 이들이 풀을 먹고 자랐든 곡물을 먹고 자랐든 우리에게는 이들에 대한 감사함이 내재된 듯하며 그 속에 깃들어 있는 가치를 본다. 가축을 돌보는 농부들의 노고, 고기를 거의 완벽한 상태로 숙성시키는 푸주한의 노력, 그리고 그 고기들을 신중하게 굽고 썰어내는 요리사들의 테크닉 등이 그것이다. 최근 몇 년 동안 상대적으로 고가의 재료에 고급스러운 감성을 부여해 매력적인 형태로 변모했다.

생선으로 넘어오면 얘기가 달라진다. 소수의 예외를 제외하고 생선 가게는 일단 비교적 습하고, 춥고, 냄새나는 장소로 남아 있어서 교류하기에 그다지 유쾌한 곳이 아니다. 그러나 두 상품이 그처럼 달리 취급되어야 할 이유는 딱히 없다. 결국 생선은 포유류처럼 등뼈를 가지고 있으며 근본적으로 골격과 장기의 기본 체계가 포유류와 같다.

육류와 같은 방식으로 생선을 생각한 것이 내게 커다란 즐거움을 선사했고 그 결과 생선으로 하여금 매력적인 느낌을 발산케 하고 고객들이 전혀 다른 방식으로 생선과 교류할 수 있게 해주는 장소인 '피시 부처리'가 탄생했다. 이곳은 여러분이 원하는 방식대로 생선의 정형을 요청할 수 있는 곳이며 생선의 풍미와 질감이 개선되도록 숙성하는 곳이다. 그리고 최고의 결과물을 위한 생선의 유래와 조리 방법에 대해 더 높은 차원의 통찰력을 공유하는 방식으로 직원들과 소통할 수 있는 곳이다.

생선을 생각하는 이와 같은 방식은 내가 레스토랑에서 맨 처음으로 나만의 메뉴를 써내려 갈 때부터 비롯되었다.

당시에는, 내가 한 번도 다루어 본 적 없는 생선과 마주칠 때도 있었다. 나는 그런 생선을 내가 아는 한 최선을 다해 요리를 했고 그런 다음 양고기, 소고기, 돼지고기, 닭고기, 사냥감, 내장에 이르기까지 어떤 육류의 범주에 넣을 수 있는지를 결정했다. 이런 방식으로 생선을 분류하게 되면서 가니시도 좀 더 신중하게 다루게 되었고, 팬 프라잉을 넘어 조리 방법도 더욱 다양해졌다.

'육류로서의 생선'에 대해 생각해보면 무한한 자원으로의 접근이 가능해진다. 풍미와 질감을 높여주는 건식 숙성과 염장을 포함한 육류 조리 기술 그리고 각 단계의 처리법과 관련된 무한한 자원을 활용할 수 있다. 더불어 그 안에 존재하는 변수를 통제함으로써 품질 향상의 정점을 향해 지속적으로 노력할 수 있게 된다. 내장 샤퀴트리 또한 아직 미개척 된 기회의 영역이다. 즉 변화무쌍한 변수들의 목록이 요리법 그 자체보다 정복하기 어려워 보인다는 얘기다.

마지막으로 육류가 아닌, 생선을 취급함에 있어 이 둘을 완전히 분리해서 다루지 않는 것은 매우 어리석은 일이다. 나는 양념을 과하게 바르거나 너무 높은 열을 가하는 육류 기반의 기술들을 생선에 적용한 실험을 해 본 적이 많았는데 이 두 방법 모두 육류 단백질에는 아무 문제가 없었지만 섬세한 생선 단백질에는 정반대의 결과를 초래했다.

핵심은 '육류로서의 생선'이란 말은 생선이라는 대상을 다른 시각으로 보는 방식으로 사용하자는 뜻이며 그러한 관점에서 시작하여 모든 생선에 내재된 잠재적인 우수성을 밝혀내는 것이다.

# 생선 정육의 기본
## FISH BUTCHERY BASICS

**Butcher (v.)** 도살하다(동사). 가축의 도살장에서 이루어지는 일련의 작업과 이들을 고기로 팔기 위해 준비하는 일.

**Monger (n.)** 장수(명사). 특정 상품의 판매상 또는 거래상을 뜻함.

'피시 부처리'를 열었을 때 사람들이 간판을 보고도 내가 생선으로 무엇을 하려는지 읽어내지 못하고 그냥 지나쳐버리는 통에 꽤 혼란스러웠다. 사실 나는 단순하게 생각했다. 생선도 부위별로 나눌 수 있으며 언제나 같은 색의, 껍질을 벗겨낸 뼈도 없는 필렛보다 더 독특한 방식으로 손질되어 매력적인 모습으로 판매될 수 있다는 '육류로서의 생선'에 관한 생각을 논리적으로 확장한 것에 지나지 않았다.

정육점Butchery은 피, 뼈, 고기의 의미를 모두 함축하고 있는 단어다. 이를 생선과 연결 지으면 새로운 사고를 유발하는 데 도움이 된다. 그것이 생선을 분할하는 방식이든, 우리가 소매점이라는 조건 하에서 생선을 진열하는 방식이든, 나아가 우리의 생선 요리를 접시에 모아 담아내는 방식이든 말이다. 이러한 생각을 통해 나는 항상 특정한 방식으로 바라보았던 생선의 특정 부위를 새롭게 느끼게 되었고, 간과했던 부위들에 더 많은 가치를 부여하게 되었다.

예를 들어 서로 붙어 있는 대가리와 쇄골은 생선 전체에서 큰 비중을 차지한다. 생선 대가리와 쇄골 구이는 그 자체로 맛있기도 하고 노동 강도도 높지 않기에 레스토랑 주방에서 이제는 매우 흔하게 통하는 조리 방식이다. 따라서 생선의 대가리는 통째로 또는 숯이나 그릴 팬에 굽기 쉽게 절반으로 잘라서 따로 남겨두게 되었다. 이렇게 구운 대가리를 같은 생선의 살과 함께 제공하면 더 푸짐한 느낌이 들고 한 마리의 생선에서 전혀 다른 질감과 풍미를 경험할 수 있다.

우리는 '피시 부처리'와 '세인트 피터'에서 작업에 임할 때, 항상 고객과 최종 제품이 어떻게 상호작용할지를 염두에 둔다. 그렇다, 우리는 모든 이들에게 생선의 내장을 맛보라며 용기를 북돋우고 다양한 어종의 선택을 장려한다. 그와 동시에 생선의 살에서 뼈를 뽑아내거나 뼈를 완전히 제거한 다음 활짝 펼쳐 놓은 '킹 조지 명태King George Whiting'를 제공하는 등 가능한 한 모든 불편함을 없애려고 노력한다.

생선의 비늘을 벗기고 내장을 제거하고 포 뜨기를 시작하기 전에 생선이 제시하는 모든 잠재적인 기회를 시각화 할 수 있게 노력하자. 이들 모두는 한 마리의 생선으로서 구체화할 수 있다. 따라서 다음에 나오는 새로운 관점의 생선 요리용 해부도를 눈여겨보자.

## 핵심 도구
## Key equipment

통생선을 손질할 때는 최적의 칼을 선택하는 것이 가장 중요하다. 휘어지는 칼에는 눈길조차 주지 말고 손에 딱 맞고 매우 날카로우며 품질이 우수하고 튼튼한 칼에 투자하는 것이 최우선이다. 만약 여러분이 뼈에서 살점을 떼어낼 때 자신도 모르게 칼에 체중을 싣고 있다는 사실을 깨닫게 된다면 칼날을 연마해야 할 시점이 된 것일 수도 있다. 무딘 칼을 사용하면 생선을 손질할 때 어렵고 위험할 뿐만 아니라 작업 시간 또한 몇 배 이상 소요될 수 있다.

무게가 1kg이 넘는 생선은 비늘을 잘라내는 것이 더 좋은데, 이렇게 하면 생선의 노화를 가속화하는 표면의 불필요한 수분을 제거하고 노출된 껍질이 잘 건조되게 도와 조리 시에 더 바삭해질 가능성이 높다. 이 테크닉은 칼날을 껍질과 비늘 사이에 두고 부드럽게 톱질하는 동작으로 꼬리부터 머리까지 비늘 층을 여러 조각으로 잘라내는 발상이기에 약간의 연습이 필요하다.

생선의 내장을 제거하려면 칼날이 내장을 찌르지 않도록 짧은 칼을 사용해야 한다. 이 과정에서 사용할 수 있는 또 다른 유용한 도구는 바로 가위다. 특히 덩치가 큰 생선의 경우 아가미를 둘러싸고 있는 단단한 뼈와 연골을 뚫고 칼을 집어넣는 일이 쉽지 않다.

# 대가리 해체
## HEAD BREAKDOWN

무늬 바리 대가리Coral trout(숙성 3일차)

| | |
|---|---|
| **1.** 대가리 | **6.** 턱살 |
| **2.** 목살 | **7.** 쇄골 |
| **3.** 볼뼈 | **8.** 윗턱 |
| **4.** 눈알 | **9.** 볼살 |
| **5.** 아래턱 | **10.** 허 |

# 통생선 해체
## WHOLE FISH BREAKDOWN

투어바리Bass grouper(숙성 2일차)

1. 비늘
2. 윗입술
3. 혀
4. 윗턱
5. 아래턱
6. 눈알
7. 볼살
8. 턱살
9. 뼈 있는 턱살과 볼살
10. 목덜미 살
11. 목살
12. 염통
13. 골수
14. 선지
15. 간
16. 지라

17. 위장
18. 뱃살
19. 전사분체 갈비
20. 알등심 필렛

21. 스패어립
22. 뼈 있는 적색육
23. 부레
24. 상등심

25. 가시가 많은 등(극배)
26. 가시가 없는 등(연배)
27. 알등심
28. 후사분체 갈비

29. 꼬리쪽 필렛
30. 항문 지느러미
31. 껍질

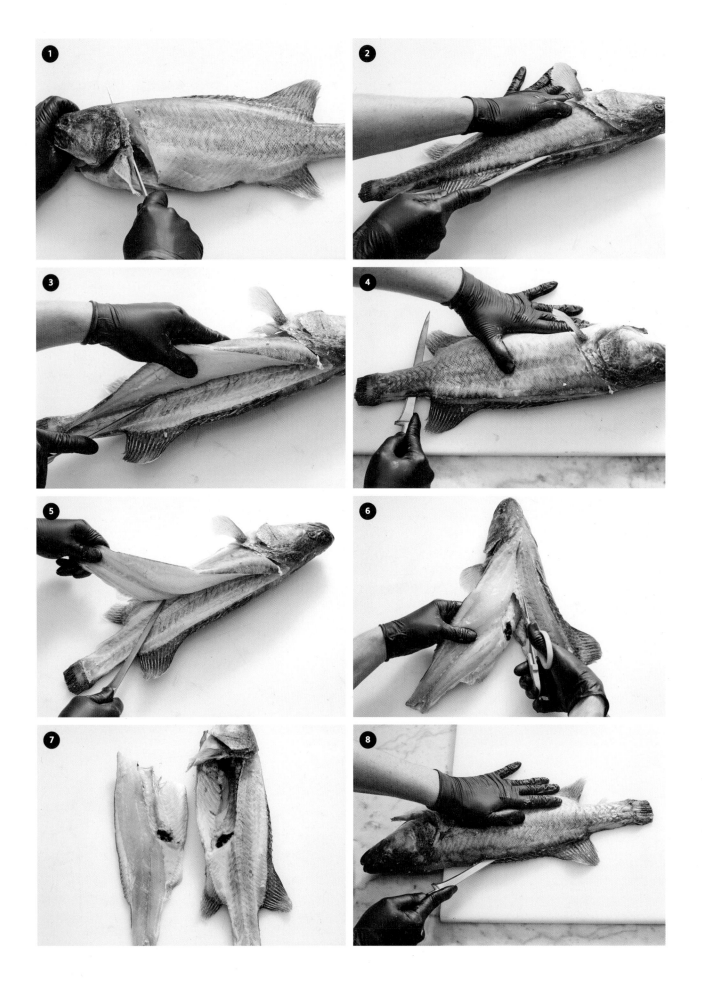

# 포 뜨기
## FILLETING

최초 절개를 할 수 있도록 도마 위에 생선의 대가리가 왼쪽(왼손잡이라면 오른쪽)으로
향하고 배가 정면에 보이도록 생선을 놓는다.

1. 가슴 지느러미를 바깥쪽으로 당기면서 이 지느러미 뒤에 칼집을 내어 살과 분리되도록
   절개한 다음 대가리 뒤쪽에서 뼈에 닿을 때까지 절개한다. 이렇게 하면 생선의 목덜미와 살을
   효율적으로 분리할 수 있다.

2. 생선을 돌려서 배를 반대쪽으로(대가리가 오른쪽, 꼬리가 왼쪽) 향하게 한 다음 정수리부터
   시작해서 등뼈를 따라 대가리에서 꼬리까지 차분하게 절개한다.

3. 칼을 뼈 쪽으로 기울여 살과 뼈가 붙어 있는 곳을 따라 계속 절개하면서 가운데에 솟아오른
   척추에 닿는 것이 느껴질 때까지 포를 펼친다.

4. 칼날을 갈비 뒤에서 척추와 수평이 되도록 위치시키고 그 끝을 포의 반대쪽으로 밀어
   넣는다. 칼이 반대쪽으로 튀어나오도록 밀어넣고 척추를 누른 상태에서 그대로 꼬리까지
   잘라 꼬리 부분을 분리한다.

5. 이 상태로 갈비뼈가 드러나도록 분리된 꼬리 부분을 들어올린다.

6. 주방 가위로 갈비뼈를 분리하면서 최초 절개부까지 자른다.

7. 첫 번째 포를 분리했다.

8. 생선의 배가 시선의 반대쪽으로 향하도록 뒤집어 대가리가 왼쪽으로 향하도록 놓는다.
   도마의 가장자리에 대가리를 걸쳐서 생선을 평평하게 놓는다. 최초 절개를 반복한 다음
   갈비뼈를 분리하면서 등을 따라 절개하고 칼이 지나가도록 반대쪽 갈비를 눌러 잔가시
   쪽으로 절개한다.

9. 칼을 반대 반향으로 돌린 다음 뼈를 가이드 삼아 갈비뼈를 잘라가며 천천히 포를 뜬다.

10. 가위로 두 번째 포를 뼈대에서 잘라낸 다음 종이 타월로 깨끗하게 닦는다.

    **NOTE :** 포를 뜨는 과정을 설명하기 위해 사용된 생선은 숙성된(일주일) 머레이 대구Murray
    cod다.

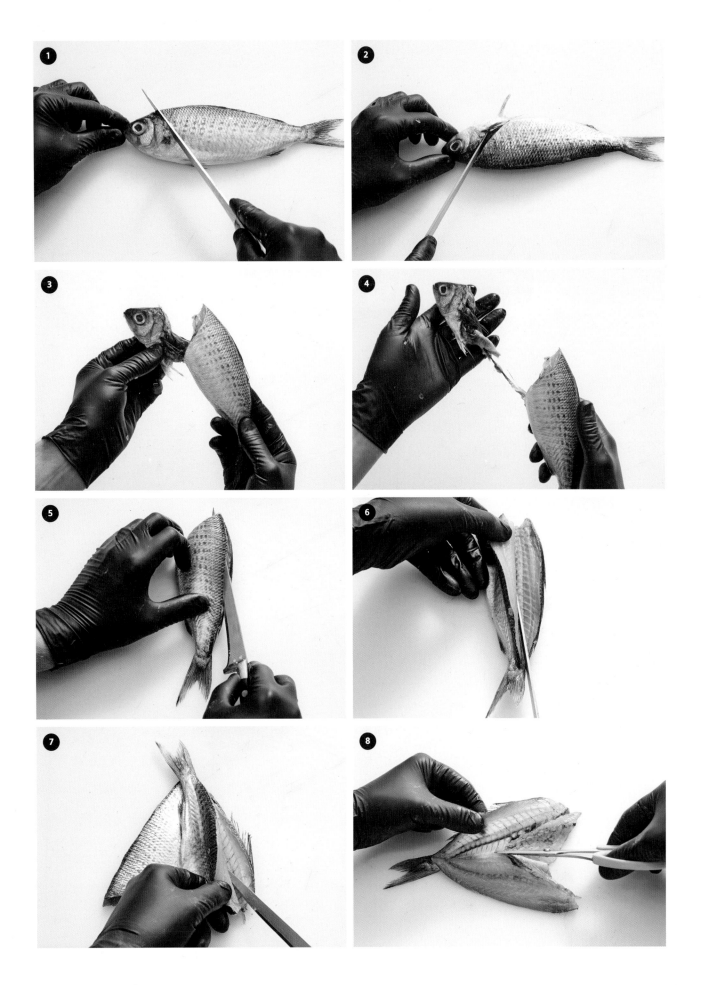

# 펼쳐 포 뜨기
**BUTTERFLY**

여러분이 오른손잡이라는 가정하에(아니라면 반대 방향으로), 도마 위에 생선의 대가리가
왼쪽, 꼬리는 오른쪽으로 가도록 올려 놓는다.

1. 생선의 대가리 뒤쪽에서 견갑골과 평행하도록 사선으로 절개한다.

2. 생선을 뒤집어서 똑같이 반복한다.

3. 이 두 절개선이 서로 만나면 생선 대가리를 조심스럽게 당겨서 척추로부터 분리한다.

4. 대가리를 당길 때는 내장이 딸려 나오는지 확인해야 한다. 제대로 되기만 한다면 이는
   생선의 내장을 제거하는 가장 빠르고 확실한 방법이다. 생선의 배 부위를 온전히 유지하려면
   이런 방식으로 내장을 빼내는 것이 중요하다.

5. 척추를 따라 생선의 대가리 쪽 끝에서 꼬리까지 한쪽 면을 절개한다.

6. 처음의 칼집 부위를 더 깊이 절개하면서 전체를 조심스럽게 잘라 생선을 펼친 다음 꼬리를
   그대로 붙여 둔다.

7. 생선을 뒤집어서 꼬리가 위로 향하도록 놓고 척추에 붙어 있는 쪽을 반복해서 작업한다.

8. 주방 가위로, 생선의 꼬리는 그대로 놔둔 채 연과 같은 모양이 되도록 척추를 잘라낸다. 생선
   족집게로 잔가시와 갈비뼈를 뽑아낸다(갈비뼈의 경우 생선의 종에 따라 작고 날카로운 칼로
   잘라내는 것이 더 쉬울 수도 있다).

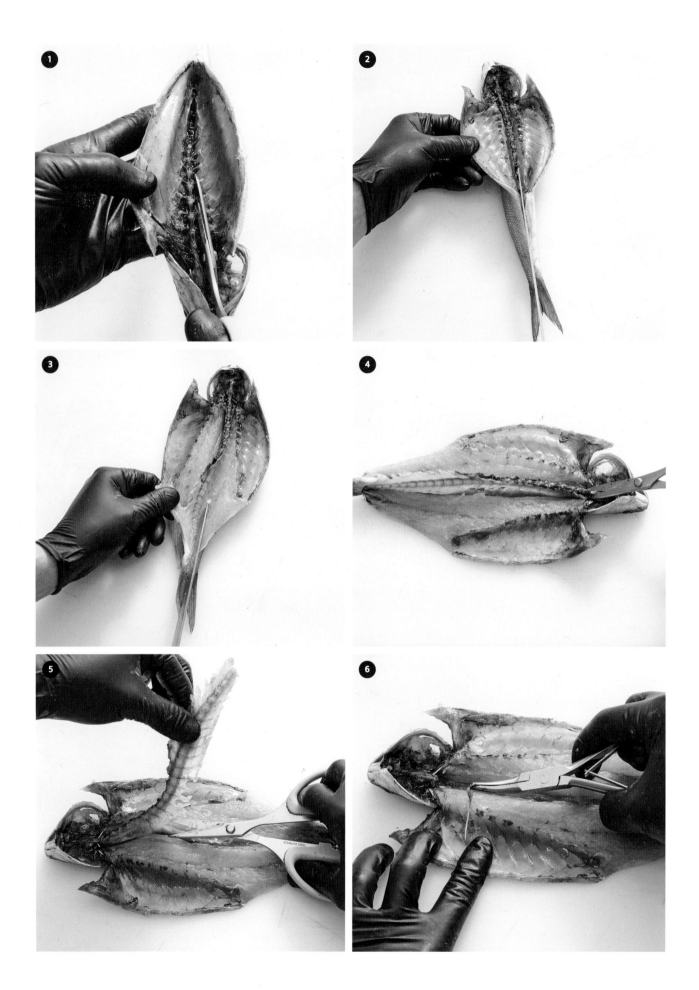

# 역방향 펼쳐 포 뜨기
## REVERSE BUTTERFLY

이 기술을 시도해보기 전에 생선의 비늘과 내장이 제거된 상태인지 먼저 확인하자. 생선 대가리가 여러분 앞쪽으로 꼬리는 반대쪽으로 위치하도록 놓는다.

1. 잘 드는 주방 가위로 생선의 척추 왼쪽을 따라 잘라가며 갈비뼈를 분리하다가 항문에서 멈춘다. 척추의 오른쪽도 이와 같이 반복한다. 이제 다음 단계에서 칼을 사용할 수 있는 경로가 뚜렷하게 보인다.

2. 생선 대가리를 반대쪽으로 돌려 놓는다. 작고 날카로운 칼로 가위로 절개해 놓은 곳에서 척추 옆을 따라 그어 내린다.

3. 반대쪽도 반복한다.

4. 이 두 절개선이 꼬리 끝부분에서 만나면 주방 가위로 꼬리와 대가리 끝에 붙어 있는 척추를 자른다.

5. 주변의 살이 찢어지거나 손상되지 않도록 신경 쓰면서 척추를 조심스럽게 당겨 떼어 낸다.

6. 생선 족집게로 잔가시와 갈비뼈를 제거한다(갈비뼈의 경우 생선의 종에 따라 작고 날카로운 칼로 잘라내는 것이 더 쉬울 수도 있다).

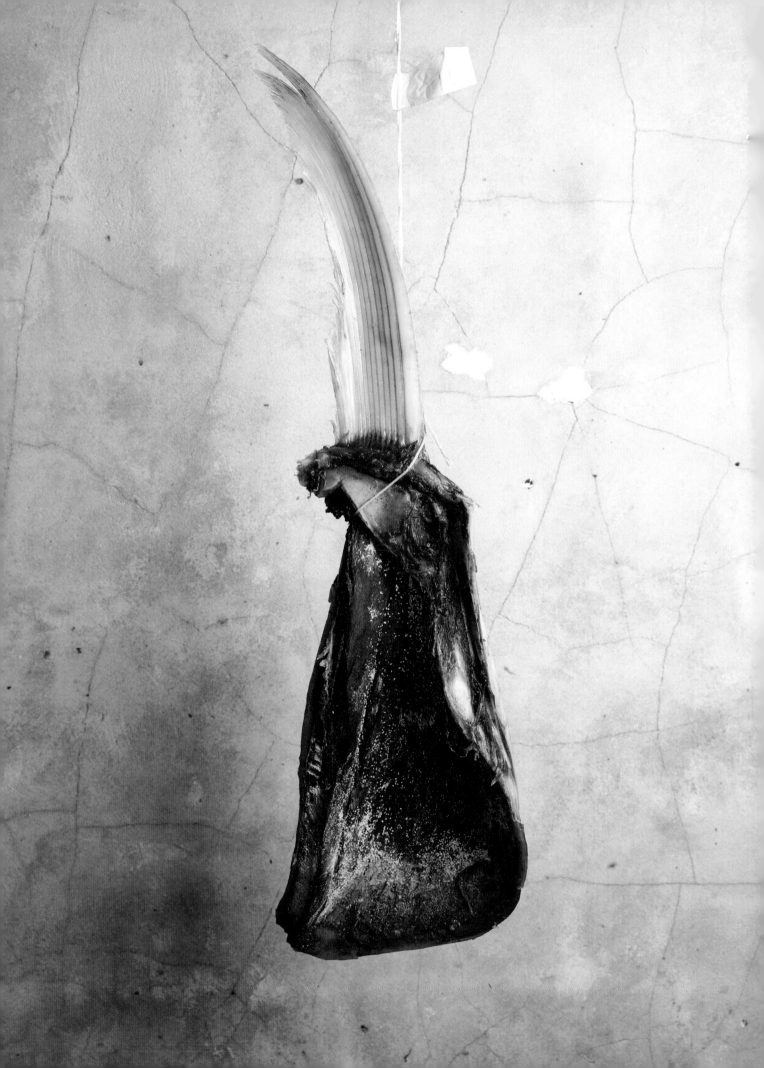

# CURING

## 염장

상하기 쉬운 생선처럼 섬세한 단백질을 다룰 때면 귀중한 요리 자원이 낭비되지 않도록 적절한 보존 기술을 이해하는 것이 중요하다. 생선의 염장은 수 세기 동안 적절한 보존 기술의 하나로 여겨져 왔다. 그 주된 기능은 삼투현상을 이용해서 식품의 수분을 끌어내는 것이다.

'피시 부처리'에서는 아직 그 진면목이 덜 알려진 생선의 부위에 가치를 부여하는 방법의 하나로써 염장 기술을 사용한다. 즉 염통, 비장, 살점이 거의 없는 얇은 배꼽 또는 하루에서 사흘 안에 날것으로 먹기엔 완벽할지 모르겠으나 윤기를 금방 잃어버리는(쉽게 상해버리는) 작은 생선 등에 적용하는 것이다. 우리는 대량의 생선을 취급하기에 오직 염장을 위한 생선만을 구입할 필요는 없다고 본다. 오히려 우리는 신선한 상태로 사용할 부위를 잘라낸 다음 우리가 원하는 방식으로 제공하지 않는 부위들을 염장하거나 가공품으로 만든다.

나는 운이 좋게도 탐나는 재능의 소유자인 폴 패랙Paul Farag을 채용할 수 있었고, 그 결과 '피시 부처리'도 열 수 있었다. 당시 폴은 시드니와 런던을 오가며 가장 좋은 주방을 갖춘 레스토랑의 셰프로서 수년간 일했던 경험이 있었다. '피시 부처리'에서 함께 일하는 것에 대해 처음 대화를 나눴던 날 그는 다소 망설이는 듯 보였다. 왜냐하면 그의 이전 경력과 수련은 온통 육류에 초점이 맞춰져 있었기 때문이었다. 하지만 내 입장에서는 그의 이러한 이력이야말로 크나큰 장점이었다.

제철을 맞아 절정에 달한 생선을 염장한다는 것은 훨씬 더 좋은 결과를 만들어 낼 수 있는 특정의 순간을 제때에 붙잡아 둔다는 뜻이다. 날생선과 염장 생선을 다룰 때는 가장 엄격하게 위생 조건을 준수해야 한다는 사실을 기억하자. 생선을 다룰 때는 항상 일회용 장갑을 착용하고 보관 시에는 멸균된 용기를 사용해야 한다.

◀ 왼쪽: 배불뚝치 관치알레

# 폴의 향신료로 맛을 낸 돛새치 햄
## Paul's Spiced Marlin Ham on the Bone

이 특별한 햄은 폴 패랙이 '피시 부처리'에 온 지 얼마 되지 않았을 때 개발한 것으로 그의 창의력과 흠잡을 데 없는 기술을 그대로 보여준다. 줄무늬 돛새치를 구할 수 없다면 참치, 황새치, 청새치, 배불뚝치를 대신 사용해도 된다. 이 특별한 레시피에는 생선 하반부를 사용하는 것이 좋다. 뼈에 붙어 있는 살에 잔가시가 남아 있지 않도록 항문 바로 아랫부분을 잘라 달라고 요청하면 된다(생선의 이 부위의 모양이 햄 즉 가축의 뒷다리와 유사하다).

### 3.5KG 분량

3~4 kg짜리 줄무늬 돛새치 꼬리

### 염지액
고운 소금 400g(1+1/3컵)
차가운 물 8L(32컵)

### 염장 믹스
페누그릭 씨앗 10g
커민 씨앗 10g
겨자 씨앗 20g
터메릭 가루 20g
고운 소금 200g(2/3컵)
질산염 2g

### 가정에서 염장하기

가정에서 염장을 한다면 상당히 많은 종의 생선에 적용되는 소금 60%, 설탕 40%의 간단한 염장 배합비를 적용할 수 있다. 커다란 볼에 소금 1.2kg, 설탕 800g, 덖은 펜넬 씨앗 1큰술, 덖은 코리앤더 씨앗 1큰술을 넣고 섞는다. 뚜껑이 있는 유리병이나 플라스틱 통에 담아 보관한다. 최고의 결과물을 만들려면 뼈 없는 생선 살 1kg당 염장 믹스 200g을 사용해야 한다. 염장 믹스를 생선 전체에 골고루 바르고 속이 깊은 깨끗한 만찬용 접시에 담는다. 염장 되는 동안 즙이 빠져나오면서 자연스럽게 염지액이 만들어진다. 생선 살이 단단해질 때까지 3일에 걸쳐 하루에 한 번씩 생선을 뒤집어준다. 그런 다음 생선 살을 종이 타월에 올리고 살짝 말린다. 칼등으로 생선 표면의 즙을 조심스럽게 긁어낸 다음 얇게 썰어서 먹는다. 물기를 뺀 다음 여러가지 향신료 또는 허브와 커피 가루 등 다른 층위의 풍미를 보탤 수 있는 여타의 양념을 문질러 발라도 된다. 생선을 껍질째 염장했다고 가정한다면 그 생선은 굽거나 팬에 지질 수도 있다(131~175쪽 참조).

생선 껍질을 벗기려면, 작고 날카로운 칼로 생선의 둘레에 살과 껍질 경계선 깊이로 길게 칼자국을 낸 다음 두꺼운 껍질 아래에 칼날을 밀어 넣고 오른쪽에서 왼쪽으로 톱질하듯 썰어 나간다. 꼬리의 일부를 그대로 남긴 채 바깥쪽의 껍질이 벗겨지도록 작은 칼집을 낸다.

소금과 물을 멸균된 플라스틱 통에 넣고 잘 저어 섞어 염지액을 만든다. 염지액에 꼬리를 넣고 사흘간 그대로 둔다.

나흘째가 되면 통향신료를 프라이팬에 넣고 약불에서 향이 진해질 때까지 1분간 덖는다. 그런 다음 향신료 그라인더나 절구에 옮겨 담고 가루로 만든다.

커다란 볼에 모든 염장 믹스 재료를 넣고 섞는다.

생선을 염지액에서 꺼낸 다음 물기를 닦고 염장 믹스를 넉넉하게 바른 다음 유산지를 깐 큼직하고 깨끗한 플라스틱 통에 넣는다. 생선이 눌려지도록 통 크기에 딱 맞는 판을 생선 위에 올려 놓고 매일 뒤집어 주면서 2주간 보관한다.

만졌을 때 단단한 생선 살이 느껴지고 터메릭의 색이 균일하게 발색되었다면 요리용 실로 꼬리를 묶어 팬이 돌아가는 냉장고(간접 냉각 방식)에 걸어 두고 풍미를 지속적으로 개선한다. 통풍만 원활하다면 받침 망을 올린 트레이를 사용해도 비슷한 결과에 도달할 수 있다. 적어도 4주간 그대로 둔다. 이 기간 내에 사용해야 한다면 살을 얇게 썰어 뼈에서 잘라낸 다음 햄이 아닌 염장 생선으로써 제공한다.

차려낼 때는 얇게 썰어 뼈에서 잘라낸 다음 처트니를 곁들이거나 토스트 위에 올려 흑후추와 엑스트라 버진 올리브 오일을 듬뿍 뿌려서 낸다.

# 황새치 베이컨

## Swodfish Bacon

황새치 베이컨을 만들 때는 최상품의 황새치를 사용해야 한다. 육류의 염장과 같은 이유로 지방 함량이 많을수록 그 풍미도 뛰어나기 때문이다. 황새치가 최상의 상태에 달하면 근내 지방 함량이 엄청나게 많아져 이러한 가공 방식과 잘 어울린다. 염장 믹스로는 140g의 시즈닝을 만들 수 있으며 황새치 등살 1kg당 염장 믹스 120g의 사용을 권장한다.

### 800~900G 분량

개당(4개) 250g의 각진 기둥 형태로 자른 A+ 등급 황새치 등살 또는 뱃살 1kg
물에 적신 히코리 또는 체리 나무 조각 뭉치 14g짜리 2개

### 염장 믹스

매우 고운 설탕 40g
고운 소금 80g
살짝 덮어서 부순 팔각 1개
타임 잎 15g
질산염 1/4 작은술
살짝 덮어서 부순 흑후추 1큰술
잘게 다진 생월계수 잎 1장

깨끗한 볼에 모든 염장 믹스 재료를 넣고 잘 섞는다. 황새치 살을 완전히 덮을 수 있도록 잘 문질러 바른 다음 조리용 스테인리스 트레이나 유산지를 깐 플라스틱 통에 놓는다. 유산지로 덮어서 냉장 보관한다. 매일 뒤집어 주면서 7일간 그대로 둔다.

염장이 완료되면 생선을 꺼낸 다음 종이 타월로 줄기를 닦는다.

생선을 훈연기에 넣고 선호하는 훈연 향의 정도에 따라 40~45분간 냉훈연Cold smoke한다.

이중 찜기 맨 위에 포일을 깔고 바닥에는 물에 적신 훈연용 나무 조각을 깔아서 이를 냉훈연에 사용해도 된다.

훈연기에서 꺼낸 다음 주방용 실로 생선을 묶어서 고리에 걸어 팬이 돌아가는 냉장고에 넣어 두고 3~5주간 말린다. 이 과정이 끝나면 고리에 걸어 둔 채 보관하거나 얇게 썰어 밀폐 플라스틱 용기에 담아 보관한다.

이 베이컨은 염장 송어처럼 얇게 썰어 차가운 염장육으로 먹거나 라르동 모양으로 두툼하게 썰어 프라이팬에 지져 캐러멜화 한 다음 완두콩이나 양상추에 곁들여도 매우 잘 어울린다.

# 염장 훈연 브라운 송어

## Cured & Smoked Brown Trout

브라운 송어는 아주 훌륭한 식용 생선이지만 그 가치에 비해 그다지 관심을 못 받는 생선이기도 하다. 이 과정에서는 묵직한 풍미가 나도록 연한 모스코바도 설탕과 볶은 커피를 사용해서 염장을 진행한다. 이렇게 만들어서 맛있는 호밀빵과 가염버터, 셀러리와 함께 제공하면 그동안 간과되었던 이 생선은 최상급 훈제 연어 제품과도 견줄 수 있는 호사를 누리게 된다.

### 1KG 분량

껍질은 남기고 뼈를 제거한 브라운 송어 필렛 1kg
물에 적신 사과 나무 조각 뭉치 14g짜리 1~2개

### 염장 믹스

고품질의 볶은 커피 원두 1/2작은술
고운 소금 55g
흑설탕 40g

절구에 커피콩을 넣고 살살 부순다. 커피콩을 가루로 만들어 사용하면 그 풍미가 다른 것들을 압도한다. 부순 커피콩을 소금, 설탕과 잘 섞는다.

염장 믹스를 생선 껍질과 살에 골고루 바른 다음 살이 아래로 가도록 조리용 스테인리스 트레이나 깨끗한 플라스틱 보관용기에 담고 그 위에 유산지를 덮어 냉장고에 보관한다. 생선을 매일 뒤집어 주면서 3일간 그대로 둔다.

만졌을 때 생선이 탄탄하게 느껴지고 건식 양념이 향기로운 염지액으로 바뀌었다면 작은 팔레트 나이프로 생선 살을 꺼내어 남아 있는 염지액을 살살 닦아낸다.

생선을 훈연기에 넣고 선호하는 훈연향의 정도에 따라 30분간 냉훈연Cold smoke한다.

이중 찜기 맨 위에 포일을 깔고 바닥에는 물에 적신 훈연용 나무 조각을 깔아서 이를 냉훈연에 사용해도 된다.

생선을 훈연기에서 꺼낸 다음 조리용 스테인리스 트레이 또는 보관용기 안에 받침 망을 깔고 그 위에 올려 뚜껑을 덮지 않은 채 하룻밤 식힌다.

다음날, 생선을 꼬리에서 대가리 쪽으로 얇게 썰어 맛있는 호밀빵, 셀러리, 가염버터와 함께 실온 상태로 제공한다.

# 배불뚝치 관치알레

## Moonfish Guanciale

우리가 이 레시피를 개발할 때는 배불뚝치가 온혈 어류라는 사실에 놀라움을 금치 못했다. 아가미 근처와 대가리 둘레에 자리잡고 있는 고기의 색은 매우 검다. 그 색과 질감은 소고기 또는 사슴고기와 비슷할 정도다. 몇몇 향신료를 조절한 이 염장 믹스는 이처럼 독특한 생선의 짙은 색 고기를 보완해준다. 배불뚝치를 구할 수 없다면 거의 모든 참치와 만새기mahi-mahi로 대체할 수 있다. 최상의 결과를 얻으려면 인내심이 필요하다.

### 1.8~2KG 분량

짙은 육색의 배불뚝치 살 2kg 1덩이

### 염장 믹스
매우 고운 설탕 80g
고운 소금 160g
살짝 덖어서 부순 팔각 2개
잘게 다진 로즈마리 잎 30g
질산염 1/2작은술
살짝 덖어서 부순 흑후추 2큰술
갓 갈아 놓은 넛맥 1/2작은술
잘게 다진 생월계수 잎 2장

깨끗한 볼에 모든 염장 믹스 재료를 넣고 잘 섞어서 생선 살이 완전히 덮이도록 잘 문질러 바른다. 조리용 스테인리스 트레이나 깨끗한 플라스틱 보관용기에 생선을 담고 그 위에 유산지를 덮어 냉장고에 보관한다. 생선을 매일 뒤집어 주면서 7~10일간 그대로 둔다.

　염장이 완료되면 생선을 꺼낸 다음 종이 타월로 닦아 수분을 없앤다.

　주방용 실로 배불뚝치를 묶어서 고리에 걸어 팬이 돌아가는 냉장고에 넣어 두고 4~6주간 말린다. 이 과정이 끝나면 고리에 걸어 둔 채 보관하거나 밀폐 플라스틱 용기에 담아 보관한다.

　이 관치알레를 가장 맛있게 먹는 방법은 작은 막대 모양으로 썰어서 팬에 지져 카르보나라 파스타에 사용하는 것이다.

# 야생 삼치 파스트라미

## Wild Kingfish Pastrami

이 섹션에 있는 대부분의 레시피와는 달리 이 레시피는 염장에 많은 시간을 요하지 않는다. 야생 삼치는 내가 가장 좋아하는 생선 중 하나로 특히 이런 식으로 처리를 하면 최고의 맛을 낸다. 레몬머틀, 펜넬, 코리앤더 씨앗을 사용하면 생선 고유의 산미가 더 두드러진다. 이와 같은 특징을 가진 생선으로는 잿방어Amerjack, 삼손Samson, 방어hamachi, 부시리Yellowtail 등이 있다.

### 1KG 분량

껍질을 남겨 둔 채 뼈를 제거한 야생 삼치 살 1kg

### 염장 믹스
매우 고운 설탕 40g
고운 소금 80g
갈아 놓은 펜넬 씨앗 1큰술
질산염 1/4작은술
갈아 놓은 코리앤더 씨앗 1큰술
잘게 다진 생월계수 잎 1장

### 추가 양념
레몬 머틀 2큰술
갓 갈아 놓은 흑후추 1큰술

깨끗한 볼에 모든 염장 믹스 재료를 넣고 잘 섞어서 생선 살이 완전히 덮이도록 잘 문질러 바른다. 조리용 스테인리스 트레이나 깨끗한 플라스틱 보관용기에 생선을 담고 그 위에 유산지를 덮어 냉장고에 보관한다. 생선을 매일 뒤집어 주면서 3~4일간 그대로 둔다.

　염장이 완료되면 생선을 꺼낸 다음 종이 타월로 닦아 수분을 없앤다.

　추가 양념 재료들을 혼합한 다음 차려 낼 때 생선에 발라 꼬리에서 대가리 쪽으로 껍질까지 그대로 얇게 썰어 실온 상태로 제공한다.

# FISH OFFAL

## 생선 내장

생선은 예전처럼 저렴하지 않고 다룰 수 있는 숙련된 기술자들도 점점 적어졌다. 따라서 효율성의 추구와 질보다 양을 선호하는 수요에 의해 세상은 생선이 가진 잠재력에 대한 탐구를 멈추고 현실에 안주한 듯하다. 이러한 접근법은 그 자체로 낭비라고 할 수 있다. 요리사로서, 여러분은 보통의(원통형의 몸체와 그 단면이 원형인-역주) 생선이 고작해야 40-45% 정도의 수율에 그친다는 사실을 익히 알고 있다. 나는 이러한 사실이 어떻게 전 세계적으로 거리낌 없이 받아들여지고 있는지 도무지 이해할 수 없다. 이제 우리는 그 40% 수율에 적용할 수 있는 조리법과 풍미에 관한 수많은 레시피 대신 아직 미개척지나 다름없을 그 많은 나머지 부위들에게 관심을 돌려야 한다.

내가 '세인트 피터'를 운영하면서 육류 기반의 레시피와 비슷한 방식으로 생선을 다루기 시작할 때까지 생선의 염통, 비장, 피(선지), 비늘은 내게도 매우 낯선 것들이었다. 요리사로서, 우리는 육류의 내장과 그 활용법에 익숙했기에 그 경험들은 이러한 부위들의 요리법을 개발할 때도 매우 유용했다. 생선의 염통을 얇게 썰어 꼬치에 꿴 다음 숯불에 구우면 이 부위는 지방 함량이 낮아 쉽게 메마르고 질겨지는 다른 내장들을 질적으로 압도하며 생선의 선지는 돼지 선지로

만든 블랙 푸딩보다 더 깔끔한 풍미를 지닌 블랙 푸딩이 된다.

개업한 지 3년 만에 생선 내장을 먹고자 하는 고객들의 욕구가 계속 커지고 있다는 점이 매우 흥미롭다. 일시적인 유행이라 불러도 좋다 그러나 그 유행은 맛있고 영양가도 높은 생선의 내장을 널리 사람들에게 알리는 좋은 방법이기도 하며 우리가 생선 내장 요리를 메뉴 리스트에서 내리지 않는 이유이기도 하다. 그러나 이러한 생선 고유의 다양한 특성을 이용한 요리가 항상 제공될 수는 없다. 생선에게는 하나의 심장, 하나의 간, 하나의 비장, 한 움큼의 비늘이 있을 뿐이며 정소와 난소의 상태는 확답을 내릴 수 없기 때문이다. 이들 중 변색되거나 형태가 불완전하거나 손상이 발견된 것들은 그 어떤 요청에도 불구하고 사용하지 않는다.

가정에서 생선 내장을 다룬다는 것이 선뜻 내키지 않을 수도 있다. 충고를 하자면 생선 간을 올린 토스트처럼 가장 기본적인 것부터 시작하라는 것이다(160쪽 참고). 나중에 여러분이 지역의 생선 가게나 시장을 방문하게 되면 어떤 간이 좋아 보이는지 어느 계절에 가장 상태가 좋을지 물어 보면 좋겠다. 생선 간을 팬 프라이할 때 가장 좋은 방법은 겉에는 갈색의 크러스트가 있고 그 속은 분홍빛을 띤 따뜻한 상태의 닭이나 오리의 간처럼 다루는 것이다.

# 생선 껍질 뻥튀기

## Puffed Fish Skin

생선 껍질 뻥튀기는 꽤 일반화된 듯하다. 한때 우리 레스토랑에서는 상당히 많은 수염대구Ling를 사용했는데 이 생선의 껍질은 그대로 남겨둔 채 요리해도 거의 손상되지 않는 극도로 질긴 특성을 가지고 있다. 이 특성을 알아낸 우리는 하루 동안 껍질을 가공해서 따로 모아둔 다음 껍질에 붙어 있는 모든 힘줄과 살을 긁어내어 이 아이템을 만들어냈다.

생선 껍질 안쪽을 모두 긁어낸 다음 소스 팬에 소금 1자밤과 함께 물을 붓고 센불에서 팔팔 끓인다. 한 번에 껍질 하나씩 20초간 데친 다음 타공 스푼으로 꺼낸다. 이 시점의 껍질은 대단히 섬세하며 구멍이 나거나 찢어지기 쉬우므로 베이킹 트레이에 유산지를 깔고 그 위에 조심스럽게 펴서 평평하게 펼쳐 놓는다.

껍질이 뭉친 곳 없이 잘 펴졌으면 오븐에 넣고 집게로 문을 약간 열어 둔 채 가장 낮은 온도로 설정한 다음 그대로 두거나 85°C로 설정한 식품건조기에 넣어 말린다. 완전히 건조되면 밀폐용기에 넣어 보관한다. 진공 포장을 하면 거의 영구적으로 보관할 수 있다.

뻥튀기를 만들려면 팬에 포도씨유, 카놀라유 또는 면실유를 절반 정도 채워서 중강불로 디지털 온도계가 185~190°C에 도달할 때까지 가열한다. 작은 집게로 매우 주의하면서 말린 껍질을 기름에 넣는다. 5~10초 내에 껍질이 3배로 부푼다. 껍질이 변색되면 쓴맛이 나므로 재빨리 건져낸다. 소금을 넉넉하게 뿌려 간을 하고 차려낸다.

### 내장에 관한 기본 지식

생선 내장을 고를 때는 피가 뒤섞인 물에 담겨있어 그 풍미가 망가진 것이 아닌 물기 없이 다뤄진 것만 골라 달라고 해야 한다. 또한 외관상 깨끗하고 밝은색이며 약간 촉촉한 상태여야 한다. 냄새는 거의 없거나 아예 없어야 하며 촉감이 탄탄해야 하고 변색되거나 물컹거리거나 끈적이지 않아야 한다.

# 눈알 칩

## Eye Chip

이 레시피에는 '세인트 피터'의 첫해에 주방을 구성했던 팀의 엄청난 재능과 놀랄 만한 노력이 그대로 드러나 있다. 생선의 모든 부위를 맛있게 활용할 방법을 찾아내려는 야망이 상존하고 있었던 우리는 새우칩이 새우와 타피오카 전분을 섞은 반죽을 튀긴 것이며 그 결과 놀라울 정도로 바삭하고 가볍고 향기로운 칩으로 바뀌었을 것이라고 의견을 모았다. 결국 이 새우칩에 관한 아이디어로 생선 눈알칩을 만들어냈다. 눈알은 가장 싱싱한 상태여야 하며 다룰 때는 항상 일회용 장갑을 착용해야 한다.

### 큼직한 칩 12개 분량

싱싱한 생선 눈알 150g
칼라마리(한치) 눈알 100g
타피오카 전분 125g
튀김용 카놀라 오일 또는 식용유
소금, 갓 갈아 놓은 흑후추

생선과 한치 눈알을 블렌더에 넣고 쉽게 흐를 정도의 회색 액체가 될 때까지 갈아준 다음 완전히 매끄러운 상태가 될 때까지 눈이 고운 체에 눌러 내린다. 이 액체를 볼에 옮겨 담고 타피오카 전분을 넣은 다음 실리콘 스패출러로 끈적한 크림과 비슷한 상태가 될 때까지 저어 섞는다. 이 반죽을 대나무 찜기에 딱 맞게 자른 유산지에 펴 바르고 10분간 찐다.

쪄낸 칩을 받침 망에 올려서 오븐에 넣고 집게로 문을 약간 열어 둔 채 가장 낮은 온도로 설정한 다음 그대로 두거나 85°C로 설정한 식품건조기에 넣어 말린다.

완전히 건조되었으면 소스 팬에 기름을 절반 정도 채우고 디지털 온도계가 190°C에 도달할 때까지 가열한다. 칩 한 조각을 부러뜨려서 두 배 크기가 될 때까지 10초 정도 재빨리 튀긴다. 완성된 칩 모양은 새우 과자 또는 돼지 껍질 튀김과 비슷하다. 종이 타월에 올려 기름을 제거하고 나머지 칩으로 반복한다.

간을 한 다음 그대로 또는 날생선이나 성게알(소)를 담아 낸다.

# 생선 부레 뻥튀기
## Puffed Fish Swim Bladder

부레 뻥튀기를 만드는 방법은 생선 껍질 뻥튀기를 만드는 방법과 동일하다(64쪽 참조). 뚜렷한 차이점은 부레를 꺼낸 다음 한쪽 면을 절개해서 평평하게 펼쳐 놓는 것이다.

반죽 긁개pastry scraper나 칼로 부레의 뒷면을 조심스럽게 긁어 내고 조리하는 동안 두께가 일정하도록 결점이나 두꺼운 부분을 제거한다. 짧게 데친 껍질과는 달리 냄비에 부레가 푹 잠기도록 찬물을 붓고 다시마, 타임, 타라곤 와인 등 향신료를 넣는다. 끓을 때까지 가열한 다음 불을 줄여 뭉근하게 끓이면서 완전히 물러질 때까지 20분 정도 삶는다. 소요 시간은 부레의 크기와 어종에 따라 다르다(이 과정은 부레를 연하게 만들고 무미에 가까운 부위에 개성 있는 풍미가 스며들게 하기 위함이다).

부레 속에 남아 있는 즙을 조심스럽게 제거한 다음 유산지를 깐 베이킹 트레이 위에 펼쳐 놓는다. 트레이를 오븐에 넣고 집게로 문을 약간 열어 둔 채 가장 낮은 온도로 설정한 다음 그대로 두거나 85°C로 설정한 식품건조기에 넣어 말린다. 완전히 건조되면 밀폐용기에 넣어 보관한다. 진공 포장을 하면 더 오래 보관할 수 있다.

뻥튀기를 만들려면 팬에 포도씨유, 카놀라유 또는 면실유를 절반 정도 채워서 중강불로 디지털 온도계가 185~190°C에 도달할 때까지 가열한다. 작은 집게로 매우 주의하면서 말린 부레를 기름에 넣는다. 5~10초 내에 부레가 3배로 부푼다. 부레가 변색되면 곧장 쓴맛이 나므로 재빨리 건져낸다. 소금을 넉넉하게 뿌려 간을 하고 차려낸다.

# 내장 XO소스
## Offal XO Sauce

XO소스는 제대로 만들어서 적절하게 사용하기만 하면 수많은 요리에 엄청난 감칠맛과 환상적인 식감을 부여하기에 다양한 XO소스의 유행이 끊임없이 이어지고 있다. 나는 XO소스의 강렬한 열감을 빼내기 위해 가끔씩 소금에 절인 고추를 사용하곤 했다. 이 소스를 생선, 구운 고기, 채소 그리고 밥과 함께 차려내 보자. 재료를 적절하게 다루어야 하며 밀폐용기 또는 밀봉된 진공 팩에 보관해야 보존도 잘 되고 시간이 지나면서 더 맛있어진다.

## 700G 분량

포도씨유 500ml
잘게 다진 대파 150g
잘게 다진 생강 150g
잘게 다진 마늘 75g
잘게 다진 염장 고추 250g(NOTE 참조)
잘게 다진 훈제 생선 염통, 지라, 어란 각 75g(74쪽 참조)
다진 훈제 황새치 베이컨 75g(60쪽 참조)
갓 갈아 놓은 흑후추 1큰술
덖어서 갈아 놓은 펜넬 씨앗 1큰술

바닥이 넓은 프라이팬이나 큼직한 소스 팬에 기름을 붓고 중불로 가열한 다음 연기가 살짝 올라올 때까지 기다린다. 대파, 생강, 마늘을 넣고 너무 짙게 변색되지 않도록 저어주면서 10분간 익힌다. 채소들이 색이 나기 시작하면 염장 고추, 말린 내장, 베이컨, 향신료를 넣고 기름이 묻도록 잘 저어준다. 불을 줄이고 모든 풍미가 응축되도록 30~45분간 익힌다(이 소스는 염장 고추가 소금의 역할을 하므로 소금으로 별도의 간을 하지 않는다).

스푼으로 떠서 익힌 채소, 고기 또는 생선 위에 올려 먹는다. 아침식사로 먹는 스크램블드 에그를 비롯한 그 어떤 음식에도 사용할 수 있는 맛있고 독특한 양념이다.

NOTE : 소금에 절인 고추는 고추를 반으로 갈라 씨를 빼낸 다음 암염에 3~4주 동안 묻어 열감을 누그러뜨리고 고유의 향미를 응축한 것이다.

# 갈색 생선 육수

## Brown Fish Stock

---

이 육수는 장차 우리가 다뤄야 할 재료를 효과적으로 활용하는 방편의 일환이다. 즉 모든 육수에는 저마다 고유의 재료가 있기 마련이며 버려야 할 재료를 처리하는 최후의 수단이 되어서는 안 된다는 말이다.

좋은 갈색 육수를 만들려면 어종을 섞지 말고 단일 어종으로 만들어야 한다. 생선 뼈를 물에 담가 '핏물을 제거'하거나 불순물을 씻어내는 행위는 생선뼈가 가진 성질을 희석시키는 것이므로 나는 이에 대해 정반대의 입장이다.

밤새 냉장고에서 살짝 말린 생선 뼈대는 더 좋은 색을 띠게 되고(더 월등한 풍미를 만들어 낸다) 갈변화 할 때 팬에 눌어붙지도 않게 된다. '세인트 피터' 이전에는 나는 늘 최종 결과물 즉 육수를 부옇고 불완전하게 만드는 눈알을 대가리에서 잘라 내라는 말을 들었지만, 이 불완전함과 흐릿함이 육수의 점성과 풍미, 개성을 만들어 낸다고 생각한다. 그럼에도 불구하고 맑은 육수가 필요하거나 눈알의 제거를 고려해야 할 때도 있기 마련이다. 생선 뼈대를 네다섯 조각으로 자르면 갈변화시키는 동안 표면의 캐러멜화를 극대화할 수 있다.

아가미는 육수에 쓴맛을 내므로 버려야 한다. 대가리 바로 아래에 있는 생선의 척추에 응고된 피는 생선 전용 플라이어나 핀셋으로 쉽게 제거할 수 있으며 종이 타월로 문질러 닦으면 된다.

바닥이 넓고 두꺼운 냄비에 기ghee 또는 무미 무취의 기름을 두르고 센 불로 가열한 다음 연기가 살짝 올라올 때까지 기다린다. 냄비 바닥 전체에 생선 뼈대(80%)를 서로 겹치거나 붙어 있지 않도록 흩뿌려 놓는다. 필요시 분량을 나눠서 작업한다. 약 5분 정도 지나서 모든 뼈가 갈색으로 변하면 꺼낸 다음 한쪽에 따로 둔다.

센 불을 그대로 유지한 채 샬롯, 마늘, 셀러리와 같은 채소(15%)를 넣고 냄비 바닥에 남아 있는 생선 지방과 캐러멜화 된 잔여물을 긁어서 골고루 입힌다. 허브와 펜넬 씨앗, 팔각, 코리앤더 등의 구운 향신료를 넣는다.

채소가 색이 약간 변하면서 물러지기 시작하면 생선 뼈를 다시 냄비에 넣고 모든 재료가 잠길 정도의 찬물을 붓는다.

육수가 절반으로 줄어들고 액상의 질감이 걸쭉해지면서 아름다운 황갈색이 날 때까지 센 불에서 거품을 건져내지 말고 25~30분간 끓인다(거품을 제거하지 않는 것은 여러분이 지금껏 배운 내용과 반대되는 것일 수도 있지만 표면으로 떠오르는 불순물들은 많은 풍미를 가지고 있으며 나는 맛이 덜한 것보다는

덜 맑고 더 끈적하고 풍미가 짙은 육수를 더 좋아한다).

전통적인 육수의 요구조건(맛이 진하고 다소 걸쭉하되 건더기가 잘 걸러져서 지나치게 탁하거나 씹히는 것이 없는 상태-역주)을 충족하려면 체나 거름망에 걸러 내린 다음 푸드프로세서에 넣고 고속으로 작동시키면 농도가 짙어지면서 맛이 더 풍성해진다. 나아가 육수에 약간의 버터와 레몬즙을 넣어서 유화시킬 수도 있다. 이를 더 맛있게 음미하기 위해서는 따뜻한 사워도우 한 조각이면 충분하다.

# 채소를 곁들인 날생선알(어란) 준비하기

## Fresh Roe in Vegetable Preparations

---

어란은 다양한 형태가 있지만 가장 흔하게는 소금에 절이거나 말린(아마도 훈연을 했을) 것이 있으며 주로 따뜻한 재료 위에 얇게 썰거나 갈아서 올려 간을 하거나 식감을 개선하거나 감칠맛을 보태는 용도로 사용한다.

몇 해 전, 주방에서 일을 할 때 인기 메뉴였던 거울도리를 이틀마다 입고시켰는데 그 주에 들여 온 생선마다 알이 가득 차 있어서 사흘 만에 5kg이 넘는 알이 모였다. 처음에는 소금에 절일까 생각했지만 그 대신 알 주머니의 막을 잘라서 내용물을 긁어냈다. 그 결과 나는 말 그대로 알만 모을 수 있었다. 이렇게 긁어낸 알을 모두 체에 담아 불순물을 모조리 씻어냈다. 이 단계에서 가는 거품기를 사용했더니 요리할 때 알이 뭉쳐질 수 있는 분리된 막 조각을 제거할 수 있었다. 결국 옥수수 알갱이, 버터, 육수, 마요네즈, 생선 파이 믹스에 첨가할 수 있는 수백만 개의 작은 알을 얻을 수 있었다.

# 생선 블랙 푸딩
## Fish Black Pudding

생선 블랙 푸딩(선지 소시지)은 생선의 모든 부위를 활용하는
레시피를 향한 내 욕구 충족의 일환으로 개발했다. 이제는
우리가 만든 가장 맛있는 레시피 가운데 하나다.

### 큼직한 소시지 2개 분량

잘게 다진 프렌치 샬롯 3개
버터 25g
소금
갓 갈아 놓은 넛맥 1/4작은술
갈아 놓은 정향 1/4작은술
갓 갈아 놓은 흑후추 1/4작은술
진한 크림(더블/헤비) 150ml
굵직하게 갈아 놓은 브리오슈 빵가루 100ml
갓 잡힌 부시리, 잿방어, 삼치 선지 100ml(참치 선지는 향이 너무 강하므로
　　사용하지 않는다.)
기(정제 버터) 80g

소스 팬에 버터와 샬롯을 넣고 잔잔한 불에서 완전히 물러질
때까지 5분 정도 스웨팅(sweating: 채소의 즙이 빠져 나와
축축해지면서 물러질 때까지 약불에 익히는 방식-역주)한다. 소금
간을 한 다음 향신료를 넣고 향기로운 냄새가 날 때까지 2분 더
익힌다. 불에서 내린 다음 크림을 넣고 완전히 식힌다.

　브리오슈 빵가루, 생선 선지를 넣고 골고루 섞는다. 걸쭉한
팬케이크 반죽과 비슷한 상태여야 한다. 간을 조절한다.

　사각으로 자른 비닐 랩을 깔고 그 위에 푸딩 믹스 절반을
스푼으로 떠서 올린다. 이때 랩은 두루마리에 붙어 있는 상태여야
한다. 푸딩 믹스를 소시지 모양으로 가능한 단단하게 말아서
공기를 최대한 빼낸다. 나머지 푸딩 믹스로 과정을 반복한다.

　소스 팬에 물을 절반 정도 채우고 끓을 때까지 가열한다. 물
온도가 80~85°C가 되도록 불을 줄이고 푸딩을 25분간 삶는다.
만졌을 때 탄탄하게 느껴지면 다 익은 것이다.

　볼에 얼음물을 담고 다 익은 푸딩을 담근다. 완전히 식을
때까지 10분간 그대로 둔다. 비닐 랩을 조심스럽게 벗겨내고 원판
모양으로 잘라 종이 타월로 물기를 닦는다.

　바닥이 넓은 프라이팬에 기를 두르고 연기가 살짝 올라올
때까지 가열한 다음 잘라 놓은 푸딩을 넣는다. 양면에 색이 나도록
한 면당 약 1분간 지진다. 팬에서 꺼낸 다음 간을 약간만 한다.
나머지 푸딩을 반복해서 지진다.

　이 푸딩은 활용도가 매우 높아서 돼지 선지 푸딩과 바꿔가며
사용해도 될 정도다. 풍미 프로파일은 유제품과 향신료의
사용으로 인해 매우 부드러운 편이다. 굳이 거론하자면 아주 약한
앤초비 맛이 난다는 정도.

# 생선 비늘 튀김 - 단맛/짠맛
## Fried Scales – Sweet & Savoury

비늘은 풍미를 살리는 데 매우 중요한 역할을 하는 소중한
존재다. '세인트 피터'의 개업 메뉴에 노랑촉수 비늘을 튀겨
식초 가루와 펜넬 씨앗 가루를 뿌려 간을 한 다음 소금을 덮어
구운 호박 위에 뿌려서 낸 것이 있었다. 이처럼 무른 식재료에는
대조적인 식감이 매우 중요한데 생선 비늘을 잘 활용하면
창의적이고 맛있는 방식으로 요리를 마무리할 수 있다.

명태, 도미, 노랑촉수, 양태와 같은 작은 비늘을 가진 작은 생선의
비늘을 벗긴다. 차가운 물을 채운 소스 팬에 비늘을 넣고 끓을
때까지 가열한다. 매번 차가운 물을 갈아주면서 이 과정을 다섯
번 반복한다. 이렇게 하면 생선 비늘이 깨끗해지고 최종 결과물이
더 부드러워진다.

　그러는 동안 소스 팬에 카놀라 오일 2L를 붓고 중불로
가열한다. 기름 온도가 185°C에 이르는 동안 삶은 비늘의 물기를
완전히 제거한 다음 밀가루를 아주 살짝만 뿌린다.

　기름의 온도가 185°C가 되어 연기가 살짝 올라오면 비늘이
바삭해지면서 짙은 색이 나지 않도록 주의하며 5초간 튀긴다.
트레이에 종이 타월을 깔고 튀겨진 비늘을 체로 건져 기름을
제거한다. 고운 소금으로 간을 한 다음 차려낼 때까지 건조한 곳에
둔다. 펜넬 가루, 고춧가루, 김 가루 등으로 추가적인 풍미를 보탤
수 있다.

　생선 비늘을 단맛을 내는 용도로 활용하려면 5번 데치는
과정 중 마지막 과정에 사용되는 물을 설탕 60 : 물 40의 비율인
용액으로 교체한다. 이렇게 하면 비늘에 얇은 설탕 막이 입혀져서
튀겼을 때 캐러멜화 되어 단맛을 내는 용도로 활용할 수 있다.

# 숯불에 구운 내장 꼬치와 늑간근

## Grilled Skewers of Offal & Intercostal

어떤 음식이든 숯불에 구우면 대부분의 경우 감칠맛이 더 살아나고 불 향이 배어들어 확실히 더 맛있어진다. 이 책에는 꽤 많은 수의 내장 요리법들이 포진해 있지만 이 꼬치 요리들은 풍성한 맛의 재료에 훈연향과 우아함을 보태준다. 염통, 어란, 지라, 간 또는 늑간근 등 각각의 부위에 어울리는 별도의 조미료를 사용해서 서로 다른 맛을 연출하고 고유의 짙은 풍미를 상쇄시킬 수 있다.

### 1. 앤초비 가룸과 레몬을 곁들인 늑간근
#### INTERCOSTAL WITH ANCHOVY GARUM & LEMON

이 특별한 부위는 투어바리Bass grouper포에서 갈비뼈를 떼어내다가 발견했다. 양의 짝갈비 뼈 사이에 있는 고기처럼 이 기름지고 독특한 조직감의 작은 고기 또한 간과되어서는 안 된다.

갈비뼈와 살점이 한 덩어리로 떼어져 나오면 각각의 갈비뼈 사이에 있는 손가락 크기의 고기 조각을 잘라서 한쪽에 둔다(힘줄은 조리 중에 녹아 없어지므로 떼어내지 않는다). 늑간근을 스테인리스 꼬치 또는 그 고기를 떼어낸 갈비뼈를 깨끗하게 손질한 다음 다시 꿰어 조리용 붓으로 정제버터를 바르고 천일염으로 간을 한다. 숯불 화로, 바비큐 플레이트, 그릴 팬에 올려 한 면당 30-40초간 굽는다. 불에서 내린 다음 생선 가룸(73쪽 참조), 레몬즙, 부순 흑후추로 간을 한다. 하푸카Hapuka, 농어, 돗돔, 줄무늬 대구, 대서양 대구, 도미류가 알맞은 어종이다.

### 2. 발효 칠리 페이스트를 곁들인 염통과 지라
#### HEART & SPLEEN WITH A DROP OF FREMENTED CHILI PASTE

숯불 화로 또는 바비큐 플레이트, 그릴 팬를 예열한다. 날카로운 칼로 삼치의 염통과 비장을 각각 길게 2등분, 4등분 한다. 스테인리스 꼬치에 염통과 비장 조각들을 꿴다. 천일염으로 간을 하고 약간의 기름 또는 정제버터를 바른다.

숯불 화로, 바비큐 플레이트, 그릴 팬이 아주 뜨거운 상태여야 한다. 한쪽 면을 먼저 20초간 굽는다. 지라의 속살은 분홍빛이 남아 있어야 한다. 불에서 내린 다음 속살에 레몬 조각을 짜서 즙을 뿌리고 발효 칠리 페이스트(NOTE 참조)를 약간 올려서 맛을 낸다.

**NOTE :** 발효 칠리 페이스트는 홍고추를 암염에 약 3개월 정도 묻어서 삭힌 것으로 만든다. 고추가 부드러워지면서 고유의 단맛도 두드러지게 된다. 고추장(한국식 홍고추 페이스트)으로 대체할 수 있다.

### 3. 레몬 잼을 곁들인 간
#### LIVER WITH LEMON JAM

숯불 화로, 바비큐 플레이트, 그릴 팬을 예열한다. 커다란 하푸카 또는 농어의 간을 골라 외관상 보이는 혈관이나 작은 이물질들을 모두 제거한 다음 종이 타월로 수분을 제거한다. 간을 4×1cm 길이로 자르고 스테인리스 꼬치에 꿴다. 천일염으로 간을 하고 약간의 기름 또는 정제버터를 바른다.

숯불 화로, 바비큐 플레이트, 그릴 팬을 아주 뜨거운 상태인지 확인한 다음 20초간 굽는다. 뒤집어서 반대쪽도 굽는다. 간의 속살은 분홍빛이 남아 있어야 한다. 불에서 내린 다음 속살에 레몬 조각을 짜서 즙을 뿌리고 품질이 좋은 시판 레몬 잼 또는 마멀레이드를 바른 다음 차려 낸다.

### 4. 후추와 라임을 곁들인 어란
#### ROE WITH PEPPER & LIME

숯불 화로, 바비큐 플레이트, 그릴 팬을 예열한다. 어란을 접어서 긴 스테인리스 꼬치의 절반 정도를 차지하도록 꿴다(이 조리법에는 숭어, 양태, 명태처럼 작은 어종에서 잘라낸 어란이 딱 알맞다). 천일염으로 간을 하고 약간의 기름 또는 정제버터를 바른다.

숯불 화로, 바비큐 플레이트, 그릴 팬을 아주 뜨거운 상태인지 확인한 다음 조심스럽게 한 면당 20초간 굽는다. 특히 뒤집을 때 막이 터져서 그 속에 있는 알이 튀어 나오지 않도록 주의해야 한다(천천히 가열해서 전체를 안정화 시키는 것도 한 방법이다).

불에서 내린 다음 따뜻한 어란 위에 레몬 조각을 짜서 즙을 뿌린다. 곱게 간 산후추를 뿌려 맛을 내거나 동량의 산초, 주니퍼, 흑후추를 혼합해서 맛을 낼 때 사용한다.

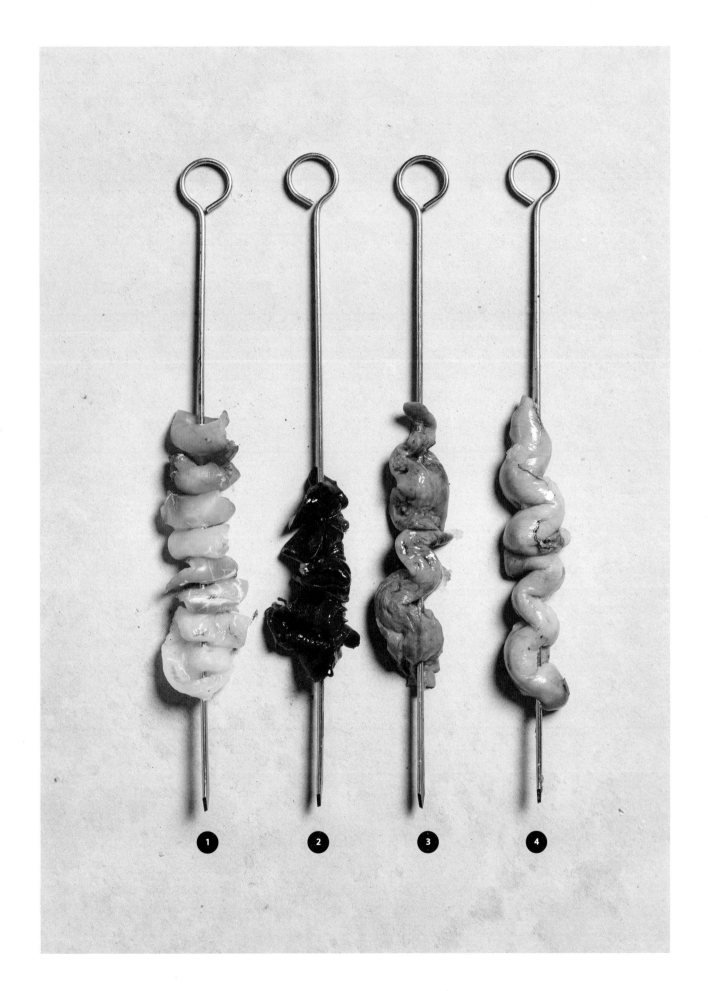

# 이리(정소, 어백) 모르타델라

## Milt Mortadella

(이탈리아의 정통 샤퀴트리 중 하나로 곱게 간 돼지고기에 사각형 모양의 지방과 향신료, 피스타치오가 박혀 있는 단면이 특징-역주)

이 레시피는 우리가 '피시 부처리'를 오픈했을 당시 폴 패랙에 의해 탄생했다. 사실 내 아이디어이긴 했지만 실현시킬 기회를 얻지 못한 상태였다. 폴과 나는 이 레시피로 할 수 있는 것들이 더 많다고 생각했으며 그 결과 우리는 더 광범위한 어종들을 넘나들며 일관성 있는 풍미를 얻을 수 있게 됐다.

### 앙트레entrée 크기 12~13개 분량

### 이리 기본 반죽

소금 80g
물 1L
껍질을 제거한 붉은 성대 살 250g
껍질을 제거한 날새기(또는 대구, 도미) 살 250g
싱싱한 이리(스페인 고등어 또는 삼치) 150g

### 양념과 유화제

다진 머레이 대구 지방 80g
고운 소금 20g
갓 부순 흑후추 1작은술
탈지분유 50g
가루 젤라틴 또는 잔탄검Xanthan gum 10g

고출력 블렌더 또는 써머믹스(Thermomix: 가열, 블렌딩을 동시에 진행할 수 있는 다목적 조리기구-역주) 저그를 얼려서 매우 차갑게 만든다(NOTE 참조).

깨끗한 볼에 소금과 물을 넣고 섞는다. 성대, 날새기, 이리를 넣고 24시간 정도 담가 둔다.

다진 머레이 대구 지방에 고운 소금을 덮어 차가운 상태로 이틀 정도 염장한다.

생선 살과 이리를 살짝 헹궈 남아 있는 소금기를 제거한다. 작은 냄비에 물을 끓인 다음 불에서 내려 지방을 넣고 저온에서 10초간 데친다. 건져낸 다음 얼음을 깐 이중 볼에 넣어 완전히 식힌다. 한쪽에 둔다.

염장 된 생선과 이리는 분리해서 매우 차갑고 단단해질 때까지 냉장고에 넣어 둔다. 얼면 안 된다.

차갑게 보관한 블렌더 저그로 각각의 생선을 아주 고운 상태의 페이스트로 만든다. 성대와 날새기 페이스트를 혼합한 다음 다시 블렌더에 넣고 차가운 이리를 조금씩 넣으면서 유화시킨다. 유화된 무스를 블렌더에서 덜어낸 다음 고운 체에 내려 힘줄과 불순물을 제거한다.

실리콘 스패츌러로 모든 양념류와 유화제를 잘 혼합한다. 차갑게 만든 볼에 담아 20분 정도 식힌다. 염장한 머레이 대구 지방을 섞어 넣는다.

이 혼합물을 기포가 없도록 비닐 랩으로 단단하게 말아 원통형으로 만든다. 온도 조절이 가능한 수조에 넣고 85℃로 익힌다. 심부 온도가 65℃에 이르면 모르타델라가 완성된다.

수조에서 꺼낸 즉시 얼음물에 담가 완전히 식힌다.

하룻밤 냉장 보관하고 다음날 얇게 슬라이스한다. 다른 염장 생선 햄, 소시지와 함께 샤퀴트리 보드로 차려내거나 토마토 소스를 곁들인 샌드위치에 넣어 먹어도 좋다.

NOTE : 모든 재료가 대단히 차가운 상태를 유지하면서도 얼지 않아야 하기에 온도 유지가 관건이다. 수비드 머신이 없다면 뱅 마리(중탕) 방식을 활용해도 된다.

# 생선 가룸

## Fish Garum

이 레시피는 자투리 또는 버려진 뼈의 양이 각각의 생선마다 다르다는 점을 고려해서 여러분이 확보한 양으로 결과물을 만드는 데 필요한 비율에 관한 것이다. 원형 어류의 경우 손실분이 60% 정도다. 1~2kg 정도 되는 생선이라도 포를 뜬 이후에 꽤 많은 가용 부위가 남아 있는 상태인 것이다.

우리는 다양한 방식을 시도했는데 그중 실패한 것도 있고 또 성공의 여지를 남긴 것도 있지만 결국 우리 요리사들 중 한 명인 트리스탄Tristan이 이 레시피를 알아냈다. 이 피시 소스는 거의 모든 생선 자투리로 무난하게 만들 수 있다.

소형 어종(정어리, 고등어, 앤초비, 트레발리)의 대가리, 뼈, 기타 부산물의 총량에 50%의 물을 붓는 것으로 시작한다. 그리고 이 전체 양의 20% 정도의 소금을 넣는다. 잘 섞어서 뚜껑이 있는 유리병에 담고 밀봉해서 40℃가 유지되는 순환식 수조(수비드 머신)에 담가 둔다. 하루에 한 번 뒤섞어 주면서 7일간 그대로 둔다. 순환 수조 없이도 가룸을 만들 수 있으나 생선 부산물은 한 성깔 하기에 이 소스를 꼭 만들고자 한다면 장비만큼은 투자해야 한다는 것이 내 생각이다. 순환식 수조를 사용할 수 없는 경우에는 살균된 유리병에 담아 실온의 어두운 곳에 보관하면서 매일 뒤섞어준다. 쓸개를 제거하지 않으면 소스에 엄청난 쓴맛이 난다는 사실을 명심하자. 이 레시피는 활용도가 높으며 가리비, 새우 또는 오징어 가룸을 만들 때도 그대로 적용할 수 있다.

# 훈제 염통, 지라, 어란
## Smoked Hearts, Spleens & Roe

이처럼 특정한 유형의 내장은 유통기한이 매우 짧기 때문에
제때에 별다른 기술을 적용할 수 없다면 소금을 듬뿍 뿌려서
염장하는 것이 좋다. 생선의 심장과 비장은 각각 하나씩이므로
생선을 손질할 때 일주일 치를 모아서 소금에 절인다. 내장
속에 가급적 혈액이 없도록 해야 하며 별다른 흠 없이 탄탄한
상태인지 확인해야 한다.

이 내장들은 훈제 또는 건조된 상태에서 참치 갈비 요리의
가니시로 사용하는 '소금에 묻어 구운 셀러리악' 같은 따뜻한
재료 위에 갈아 올리거나 차가운 요리에 첨가하면 강력한 풍미를
선사한다. 풍미 프로파일은 말린 가다랑어 포, 앤초비 그리고
말린 참치(mojama: 모야마)와 흡사하다.

---

삼치, 방어, 하마치(Hamachi - ハマチ, 중간 크기의 방어-역주)의 염통, 지라 또는
  어란 5~6kg
고품질의 고운 소금 500g과 맨 처음 내장에 뿌릴 소금 추가분
물에 담근 히코리 또는 체리 나무 조각 뭉치 14g짜리 1개

---

생선에서 떼어낸 염통, 지라, 어란에 소금을 넉넉하게 뿌려 덮는다.
완전히 덮이도록 해야 한다. 시트러스류의 껍질, 허브 또는 향신료
등으로 다른 풍미를 보탤 수도 있다.

깨끗한 플라스틱 용기에 바닥이 완전히 덮이도록 소금을
깔고 그 위에 내장을 올린 다음 다시 소금으로 덮는다. 뚜껑을
덮지 않은 상태로 7일간 냉장고에 넣어 보관한다. 깨끗한 손으로
탄탄함을 확인한다. 아직 물렁하다면 소금을 교체한 다음 4~5일
더 염장한다.

내장을 훈연기에 넣고 선호하는 훈연향의 정도에 따라
20~30분간 냉훈연Cold smoke한다. 이중 찜기 맨 위에 포일을 깔고
바닥에는 물에 적신 훈연용 나무 조각을 깔아서 이를 냉훈연에
사용해도 된다.

오븐을 가능한 가장 낮은 온도로 설정한다. 훈연기에서 내장을
꺼낸 다음 베이킹 트레이에 받침 망을 깔고 그 위에 올려 놓는다.
이 상태로 오븐에 넣어 12시간 이상 완전히 건조한다. 충분히
식혀서 플라스틱 밀폐용기나 진공팩에 넣어 보관한다.

# 생선 목살 조림
## Glazed Fish Throats

바스크 지역에서 유래한 이 독특한 부위는 높은 젤라틴
함량으로도 유명한데 꼬꼬차스kokotxas로도 불리며 매우 각광
받는 부위다(내가 파리에서 일할 때 처음 접했다). 보통 민대구
또는 대구의 것을 사용하는데 본질적으로 생선의 목살이라
함은 아가미의 바로 밑에서 잘라낸 것이다. 나는 아래에 나오는
레시피처럼 요리하거나 기름을 바르고 굵은 천일염으로 간을 한
다음 숯불에서 껍질이 끈적거리고 속살은 부드러워질 때까지
구워서 먹곤 한다.

## 4인분

---

무늬바리 목살
버주스verjuice 150ml(풋사과 또는 신맛의 과일에서 짜낸 산도가 높은 과즙으로
  향신료 또는 허브를 첨가해 사용하기도 함-역주)
버터 60g
소금 1자밤
타라곤 1줄기

---

작은 프라이팬에 생선 목살과 모든 재료를 넣고 유산지로 덮는다.
액상이 졸아들어 익힌 목살 주변에 끈적한 즙이 생길 때까지
뭉근하게 12분간 끓인다. 같은 생선의 살과 함께 먹거나 약간의
육수, 엑스트라 버진 올리브 오일, 타라곤, 넉넉한 양의 흑후추에
익힌 완두콩을 곁들여 단독으로 먹는다.

# FISHUES
## (FISH + ISSUES)

# 생선 이슈

때로는 우리가 최고의 생선을 공급받기 위해 쏟아 부은 온갖 노력에도 불구하고 일이 잘못될 수도 있다. 이런 이유로 나는 생선을 취급할 때 발생할 수 있는 모든 'fishues' 즉 '생선에 관한 이슈'들의 목록을 이 책에 수록했으며 이는 모두 과거에 내가 직면했던 일이다. 이 목록에는 왜 생선이 가끔씩 팬에서 그처럼 극적으로 휘어지는지, 어떻게 그렇게까지 곤죽이 될 수 있는지, 대체 비린내는 왜 나는 것인지에 대한 답도 포함되어 있다. 질기고, 흐물흐물하고, 허옇게 뜨거나 냄새가 나고, 너무 익어버린 생선이 고객의 테이블에 나가는 순간에 대해서는 나조차도 두렵고 공포스럽다. 이를 극복할 수 있는 유일한 방법은 내 앞에 놓인 생선을 매일 끊임없이 테스트하고 확인하는 것이다. 다음은 이와 같은 각각의 잠재적인 문제점에 관한 몇 가지 핵심 조언들이다.

## 1. 비린내 나는 생선'Fishy' fish

생선의 살은 트리메틸아민 엔 옥사이드trimethylamine-N-oxide 또는 TMAO라고 알려진 무취의 화학물질을 함유하고 있다. 물고기가 죽어서 공기에 노출되면 이 화학물질은 암모니아 파생물로 분해되어 '비린내'를 풍기게 된다. TMAO는 생선이 얼마나 싱싱한지를 알려주는 지표로 사용되며 혹자들은 그 냄새를 두 가지 방법으로 줄일 수 있다고 한다.

첫째, 생선의 표면을 수돗물로 씻으면 된다.

허나 이 주장은 모순적이다. 생선은 스폰지와 같아서 불필요한 수분을 흡수하며 그 살을 씻으면 유통기한, 질감, 풍미 프로파일에 좋지 않은 영향을 줄 수 있기에 조리했을 때 좋은 결과물을 얻기가 힘들다. 이러한 이유로 나는 생선을 준비하고 저장하는 전 과정에 걸쳐 건조한 상태로 다룰 것을 권장한다(27쪽 참조).

둘째, 레몬, 식초, 토마토와 같은 산성 성분으로 생선을 처리하면 TMAO가 물과 결착되게 만들어 휘발성이 줄어들 수 있다. 따라서 악취 화합물이 코에 닿지 않는다.

요리사로서, 나는 이러한 주장이 전 세계에 걸쳐 대부분의 해산물 요리에 레몬이 곁들여지는 근거가 되기에 더 설득력을 얻는다고 생각한다. 생각해보자. 우리 모두가 좋아하는 생선 요리에는 산성분이 포함되어 있다. 실제로 그러하다. 그러나 산은 생선 요리에 맛의 균형과 함께 추가적인 풍미를 부여하지만 혹시라도 존재할 수 있는 모든 부정적인 냄새를 가리기도 한다. 홀랜다이즈 소스의 식초, 뵈르블랑의 화이트 와인, 타르타르 소스의 케이퍼와 코니숑(작은 오이 피클) 그리고 생선 요리의 제왕격인 부야베스에 듬뿍 들어가는 토마토와 와인. 이들 모두에는 산이 들어 있다. 자 이제 나는 뵈르블랑을 곁들인 완벽하게 구운 명태 필렛 한 조각을 먹는 기쁨을 난생 처음으로 표현해야 될지도 모르겠다. 그러나 그에 앞서 나는 생선의 올바른 취급과 저장을 통해 개선되는 풍미 프로파일이 더 복잡하고 맛있는 풍미를 유발할 수 있다는 사실에 매료되어 있다. 이는 우리가 생선과 더 오랜 기간 함께 할 수 있게 해 줄 뿐만 아니라 버섯, 밤, 양파처럼 산미가 덜한 가니시와 생선을 짝지을 수 있게 해주어 생선에 관한 관점을 바꾸고 시각을 넓힌다.

---

**테스트 또 테스트**
Testing, testing

나는 어종에 관계없이 제일 먼저 뼈가 붙어 있는 꼬리 부위의 살을 잘라낸 다음 완전히 익혀 본다. 이런 식으로 그 생선의 살이 열기를 어떻게 견뎌내는지 알 수 있는 것이다. 내가 생선을 구매할 때 항상 공을 들이는 이유이기도 하다.

프로 요리사이든 일반인이든 생선 요리로 좋은 경험을 쌓아 나가고 싶어하는 사람이라면 생선의 특정 부위를 제대로 요리할 수 있어야 한다. 여러 명과 나눠 먹을 생선 요리를 할 경우, 먼저 한 조각을 요리해서 먹어 보면 괜찮은 생선을 구했다는 안도감을 느낄 수 있다. 뿐만 아니라 어떤 조리법을 적용할지 예측해볼 수 있으며 생선에 곁들일 음식을 선택할 때에도 더 나은 판단을 내릴 수 있는 것이다.

## 2. 질긴 생선Tough fish

질긴 생선 증후군(TFS)은 특정 열대어와 그 외의 일부 어종에서 발현되는데 이들 어종은 조리 이후 살의 질감이 심하게 질겨져 먹을 수조차 없게 된다. 이 생선이 이 시점에 도달하지 않은 경우 외형상 다른 생선들과 차이가 없다. 익히지 않은 포와 살은 다른 생선들과 비슷하지만 조리됨에 따라 이 '질긴' 생선은 '극도로 고무 같은' 식감으로 변한다.

TFS는 생선이 익으면서 찌그러지고 비틀리게 하는데 어부가 생선을 제대로 다루지 못했을 때도 유사한 문제를 야기할 수 있다.

TFS에 영향을 받은 것으로 알려진 생선을 구입할 경우 반드시 비늘을 벗기고 내장을 제거하거나 포를 뜨기 전에 꼬리 부분을 조금 잘라 익혀 보자(왼쪽 참조). 이렇게 하면 생선의 상태가 괜찮은지 엉망인지를 알게 된다. 불행하게도 여러분이 TFS 생선과 맞닥뜨리게 된다면 생선 포를 기름에 지졌을 때 그 위에 주차를 해도 될 정도일 텐데 그 이후에도 식감은 여전히 질기고 쓸모 없는 상태일 것이 뻔하다. TFS의 영향을 받은 생선을 위한 유일한 제안을 하나 하자면 염장(57쪽 참조)을 하거나 냉훈연을 하는 것이다.

---

## 3. 흐물흐물한 생선 Mushy fish

쿠도아충 Kudoa thyrsites은 일부 해수어의 아가미에 포낭을 형성해서 기생하는 기생충이다. 이 특별한 기생충을 언급한 이유는 몇몇 생선들이 조리 후 흐물흐물해지는 지에 대해 꽤 알려지지 않은 원인을 밝히기 위해서다. 이는 호주 해역에 국한된 문제가 아니라 전 세계적으로 대다수의 어종에 영향을 미치는 문제. 이 기생충은 인간에게 큰 해가 되지는 않지만 어부들과 시장 상인들에게는 심각한 사안이며 우리에게 생선에 대한 안 좋은 경험을 안겨주게 된다. 생선을 다뤄온 몇 년 동안 이 이슈는 야생 삼치, 만새기, 스페인 고등어와 같은 다양한 어종들에 걸쳐 직면했던 흔한 문제였다. 기생충의 영향을 받은 생선은 열이 가해지는 순간, 살의 구조가 물러지고 무너지기 때문에 동료 요리사들은 내가 왜 굳이 지방이 많고 살이 탄탄한 양식 삼치 대신 살이 흐물흐물해질 위험을 내재한 야생 삼치를 사는지에 대해 의문을 품어 왔다. 경험상 알고는 있지만 그 위험을 상쇄하고도 남을, 맛과 식감이 기가 막힌 생선을 만날 가능성을 놓칠 수 없기 때문이다. 안타깝게도 열을 가하기 전까지는 기생충의 영향을 받은 것인지 알 수 있는 방법이 없으므로 생선 전체를 요리하기 전에 일부분을 먼저 테스트해보는 것이 좋다.

---

## 4. 익은 것처럼 보이는 날생선 Raw fish that looks cooked

나는 날생선의 살이 이미 익은 것처럼 보이는지 확인하기 위해 아름다운 줄무늬가 아로새겨진 파란 눈 트레발라 blue-eye trevalla나 돗돔을 몇 번 절단해본 적이 있었다. 근육이 벌어져 있어서 상당한 양의 즙이 흘러내리는 것처럼 보였고 생선의 적색근육과 측선은 완전히 산화된 채 변질되어 있었다. 이러한 현상의 원인은 여러 가지가 있을 수 있다. 특히 낚싯줄에 걸린 채 죽은 생선은 얼음에 넣어 보관하기 전까지 그 체온을 유지하는 경우가 많은데 이 잔열은 살을 손상시킬 수 있고 생선에 물이 흥건한 것처럼 보이게 하며 심각할 경우 날생선의 살이 익은 것처럼 보이게도 만든다. 잡은 다음 충분한 양의 얼음에 보관하지 않은 생선 또한 마찬가지다. 이를 확인할 수 있는 유일한 방법은 생선 살의 상태를 직접 보는 것이다. 생선 살을 조리하는 동안 다량의 수분이 빠져나오고 근육에서 단백질(하얀 점처럼)이 눈에 띄게 흘러내리면 요리하지 않는 것이 좋다.

---

## 5. 과조리된 생선 Overcooked fish

생선의 과조리와 저조리 사이에는 단 몇 초의 시간이 있다고들 한다. 어느 정도 사실이긴 하지만 생선 필렛을 팬에 가장 높은 열로 완전히 익을 때까지 익힌다고 해서 완벽한 결과물이 보장되는 것은 아니다. 생선은 여러 가지 방법으로 조리할 수 있으며 어종에 어울리는 조리법을 선택하는 것이 생선 요리의 가장 어려운 부분이기도 하다.

'살짝 삶아 익히기(poaching)'는 '팬에 지지기'보다 훨씬 더 좋은 열전달 매개체다. 열을 조금 더 정밀하게 조절할 수 있기 때문이다. 빵가루를 입힌 생선도 같은 예가 된다. 빵가루는 조리하는 동안 단열과 보호막의 기능을 수행해 겉이 더욱 바삭하고 달콤한 맛과 촉촉한 속살을 지닌 생선 요리를 만들 수 있다. 생선이 조금 더 익거나 가장자리가 더 바삭해지더라도 맛은 그대로 유지될 것이다. 곁들일 수 있는 요거트 타르타르 소스가 필요할 수도 있겠다(144쪽 참조). 생선 요리 입문자라면 탐침 온도계에 투자하기를 권한다.

THE

레시피

# RECIPES

# RAW, CURED & PICKLED

## 날것, 염장, 초절임

### 날것, 염장, 초절임에 최적인 생선

**날개다랑어**Albacore

**금눈돔**Alfonsino

**멸치**Anchovies

**북극 곤들매기**Arctic char

**망치고등어**Blue mackerel

**가다랑어**Bonito

**동갈치**Garfish

**꼬마달재**Gurnard

**정어리**Sardines

**도미**Sea bream

**바다 농어**Sea bass(Branzino)

**퉁돔**Snapper(including Red snapper)

**무명 갈전갱이**Trevally

**참치**Tuna

**명태**Whiting

**부시리**Yellowtail

맛있는 날생선 요리의 핵심은 생선 그 자체의 질감과 풍미다. 숙성, 염장, 초절임, 염지 그리고 부분 조리 등은 생선의 독특한 질감과 풍미를 만들어 내는 데 보탬이 될 수 있다. 하지만 이들 생선이 가진 진정한 가치는 적절하게 다루기만 한다면 가장 자연스럽게 만들어진 결과물 이외에 더 좋은 맛을 내기 위한 부재료가 필요치 않다는 것이다.

개인적으로, 날생선을 먹으려고 이들을 자를 때 살코기 쪽에서 자를지 껍질 쪽에서 자를지, 꼬리 쪽에서 시작할지 아니면 아가미 바로 뒤쪽에서 시작할지를 매번 고민한다. 생선 한 마리에서 전개되는 이처럼 다양한 선택지들은 각각 다른 질감의 프로파일을 만들어 낼 것이기 때문이다(심지어 지금이라도, 원형 그대로의 생선으로 작업을 한다면 내가

추구하는 최적의 질감을 찾아내기 위해 수많은 방식으로 절단하는 것부터 시작할 것이다). 일단 생선의 물성을 결정한 다음에는 어떤 과정을 적용할지를 고민한다. 이를테면 과일향의 엑스트라 버진 올리브 오일을 뿌려서 그대로 낼까? 바로 간을 해서 살이 살짝 탄탄해지도록 30분 정도 기다릴까? 이 생선이 햄과 같은 질감을 가질 수 있도록 염장을 해야 할까? 훈연을 하면 맛이 더 좋아질까? 등이다.

요점은 단순함을 유지하고 꼭 필요한 것만 행하자는 것이다. 그 이상은 의미 없다. 이어지는 레시피들은 다양한 어종에 적용할 수 있는 염장, 초절임, 날생선에 관한 단순한 손질과 아이디어를 특징으로 하고 있다.

◀ 왼쪽, 뒷장과 86쪽: 갈돔

# 날생선에 관한 핵심 사항
RAW FISH ESSENTIALS

모두가 날생선을 먹어야 할 이유는 없지만, 적어도 나에게는 생선 그 자체의 맛을 느낄 수 있게 해주는 명확하고 정직한 방법이다. 한편 드레싱과 양념은 생선 본연의 미묘한 풍미를 발산시켜 한층 돋보이게 해주는 열쇠가 된다.

## 1.

### 생선의 질감 및 외형의 변형

생선 껍질을 그대로 남겨둔 채 차려 내는 것을 고민해보자. 예를 들자면 여러분이 고른 생선을 껍질 쪽이 위로 향하도록 망에 올리고 넉넉한 용량의 국자(250ml)로 끓는 물을 세 번 정도 끼얹는 것이다. 이렇게 하면 껍질이 적당히 부드러워져서 구미에 맞는 상태가 된다. 또 다른 방법은 생선 포의 껍질에 기름을 살짝 바른 다음 매우 뜨겁게 달군 주물 팬에 사각으로 자른 유산지를 놓고 그 위에 껍질이 아래로 향하도록 조심스럽게 올려 놓는다. 다섯을 세고 생선 포를 납작한 상태로 고정한 채 팬에서 꺼낸다. 팬 내부의 폭발적인 열기로 인해 생선의 껍질이 탄탄해지면서 불 향을 품게 되어 식욕을 자극하게 만든다.

## 2.

### 세비체 또는 산의 사용

이는 대단히 효율적이면서 맛 또한 담보되는 요리법이기에 상당한 인기를 얻고 있다. 그러나 라임즙(전통적으로 세비체의 준비과정에 사용된다)을 첨가하면 생선의 단백질이 수 초 내에 망가지기 시작하고 그 결과 날생선의 살이 마치 익은 것처럼 변한다. 즉 버주스Verjuice, 산화 와인, 발효즙 등의 다른 산성 재료를 사용하면 이러한 발효된 음료로(라임즙과 비슷한 정도의) 산성의 양념을 할 수 있지만 구연산만큼 빨리 생선의 살을 망가뜨리지 않는다.

## 3.

### 생선의 건식 숙성(29쪽 참조)

이 과정은 날생선에 존재하는 풍미의 뉘앙스를 개선시키는 역할을 하지만 첫째날부터 셋째날까지는 별다른 변화를 감지할 수 없다. 이를 감지할 수 있는 가장 좋은 방법은 셋째날부터 서른여섯 번째날까지 황다랑어를 먹어보는 것이다. 황다랑어를 통제된 환경하에 뼈째 숙성하면 살이 탄탄해지면서 살짝 달고 감칠맛 도는 풍미가 극적으로 바뀌어 좀 더 조밀한 밀도를 가진 버섯과 염장 참치mojama의 향을 내는 살로 변한다.

# 레몬 타임 오일에 절인 정어리와 앤초비
Sardines & Anchovies in Lemon Thyme Oil

아주 싱싱한 정어리와 앤초비를 구할 수 있다면 이 레시피는 꼭 시도해 볼 만하다. 이 레시피에서 가장 중요한 것은 생선을 차갑지 않은 따뜻한 상태로, 익히지 않은 날것으로 차려 내는 것이다. 적어도 내 눈에는 이들 두 아름다운 생선을 한 접시에 담아내는 것이 트러플과 푸아그라를 함께 담아 내는 것보다 더 특별하다.

## 4인분

싱싱한 통정어리 10미
싱싱한 통앤초비 10미
굵은 천일염과 갓 부숴 놓은 흑후추

### 레몬 타임 오일

고품질 엑스트라 버진 올리브 오일 500ml
레몬 타임 잎 또는 토종 타임 잎 2큰술

정어리를 손질해 준비한다. 여러분이 오른손잡이라면 정어리 대가리가 도마의 왼쪽, 꼬리는 오른쪽, 등뼈가 몸 쪽을 향하도록 놓는다.

나는 정어리의 내장을 그대로 남겨 둔 채 포를 뜨는데 내장을 미리 제거하려면 시간이 너무 많이 걸리기 때문이다. 대가리 뒤쪽에 작은 칼집을 내어 목덜미 부위를 아직 절단하지 않은 포와 분리한다. 이렇게 하면 생선의 대가리부터 꼬리까지 단 한 번의 동작으로 온전한 형태의 포를 떠 몸통에서 깨끗하게 잘라 낼 수 있다. 첫 번째 포는 남아 있는 아래쪽 살이 지지대 역할을 하므로 쉽게 잘라낼 수 있다. 두 번째는 좀 더 까다롭지만 도마로 지탱한다. 이 생선의 경우 잔가시를 제거할 필요는 없지만 갈비뼈는 작은 칼로 잘라내야 한다.

남은 정어리와 앤초비의 포를 뜬다. 가룸(Garum, 73쪽 참조)의 재료가 되므로 생선 대가리와 뼈, 내장은 버리지 않는다.

허브 오일을 만든다. 나는 써머믹스를 주로 사용하지만 없을 경우 작은 냄비에 오일과 타임 잎을 넣고 85°C로 가열한 다음 향이 우러날 때까지 블렌더로 갈아준다. 써머믹스를 사용한다면 온도를 85°C로 설정하고 향이 우러날 때까지 고속으로 약 10분간 갈아준다. 면포를 깐 체에 내려 거른다.

따뜻하게 데운 접시에 앤초비 다섯 마리를 배열해서 올린 다음 그 위에 정어리를 올린다. 두 번째 접시도 같은 방식으로 플레이팅한다. 소금과 후추로 간을 하고 접시에 깔릴 정도로 넉넉하게 오일을 붓는다. 느끼하지 않도록 레몬즙을 첨가해도 된다. 하지만 먼저 이 맛있는 생선과 함께 먹을 바삭한 껍질의 빵부터 잔뜩 준비하자.

**대체 생선**

청어 Herring
고등어 Mackerel
갈전갱이 Trevally

# 레몬 버주스로 맛을 낸 흑점줄전갱이 절임

Marinated Silver Trevally & Lemon Verjuice

이 요리는 버주스가 산성 재료로써 흑점줄전갱이의 식감을 탄탄하게 만들고 고유의 지방 성분을 개선시킬 수 있으리라는 생각을 실행에 옮긴 결과물이다. 레몬 버주스를 만들려면 약간의 계획이 필요하다.

## 4인분

껍질은 남기고 뼈를 제거한 흑점줄전갱이 또는
    숭어 포 4장
천일염

### 레몬 버주스

메이어 레몬 또는 베르가못 또는 제철 유자
    250g
고품질의 버주스 2L
매우 고운 설탕 1큰술
소금 1자밤

### 버주스 드레싱

코리앤더 씨앗 2작은술
매우 고운 설탕 1작은술
링 모양으로 가늘게 슬라이스 한 큼직한
    바나나 샬롯 2개
엑스트라 버진 올리브 오일 140ml
레몬 버주스(상단 참조) 80ml

먼저 레몬 버주스를 만든다. 소독한 메이슨(Mason 또는 Kilner:밀폐 뚜껑이 있는 유리병-역주) 병에 모든 재료를 넣고 밀봉한 채 향이 우러날 때까지 7일간 그대로 둔다. 걸러서 깨끗한 병에 담아 사용할 때까지 차갑게 보관한다.

드레싱을 만들 때는 먼저 작은 프라이팬에 코리앤더 씨앗을 넣고 중불로 향기로운 냄새가 날 때까지 살짝 덖는다. 식힌 다음 절구로 빻아 부순다. 부순 코리앤더 씨앗, 소금, 설탕, 샬롯을 섞어서 30분 정도는 더 확실하게 하룻밤 그대로 둔 다음 오일, 버주스와 함께 섞는다.

생선 손질을 할 때는 생선 살에 남아 있는 비늘과 뼈가 없는지 확인한다. 껍질이 위로 향하도록 포를 뒤집어 놓는다. 손가락으로 대가리 부위에 가장 가까운 쪽의 껍질 귀퉁이를 쥐고 '근막' 뒤쪽에 남아 있는 살을 살살 잡아당겨 뜯어낸다. 포를 두툼하게 썰어 작은 접시에 정렬해서 담고 소금으로 간을 한다.

각 접시마다 생선 위에 코리앤더 씨앗과 샬롯이 올라갈 수 있도록 드레싱을 약간씩 나누어 붓는다. 실온 상태로 차려 낸다. 좀 더 완벽하게 구성하고 싶다면 위트로프(엔다이브/치커리), 로켓(아르굴라) 또는 래디시처럼 아삭거리면서 알싸한 맛이 나는 잎채소를 곁들여보자.

**대체 생선**

앤초비 Anchovies
고등어 Mackerel
정어리 Sardiness

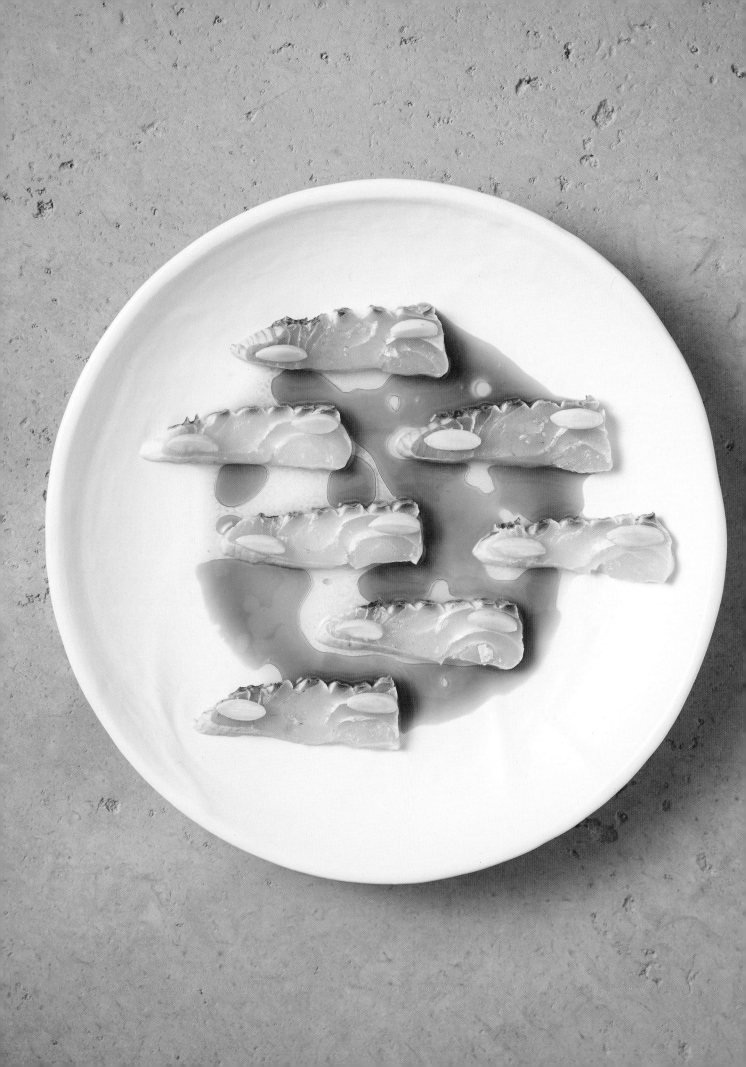

# 적색 퉁돔, 그린 아몬드, 무화과 잎 오일과 가룸

Raw Red Snapper, Green Almond, Fig Leaf Oil & Garum

나니가이nannygai라고도 알려진 호주 토종 적색 퉁돔은 탄탄한 질감과 특유의 단맛, 조개류와 비슷한 맛으로도 유명하다. 이 생선은 일반적인 도미에 비해 질감이 매우 흥미롭고 풍미가 훨씬 좋다.

호주의 봄은 그린 아몬드가 제철이며 그린 아몬드는 내가 가장 좋아하는 재료 중 하나다. 즙이 많고 신맛이 나며 약간 바삭해서 날생선과 완벽하게 어울린다.

## 4인분

껍질은 남긴 채 뼈를 제거한 적색 퉁돔nannaygau
    또는 도미, 퉁돔 포 2장
생그린 아몬드(NOTE 참조) 300g
생선 가룸(73쪽 참조) 또는 고품질의 피시
    소스, 백간장 또는 연한 간장 100ml
무화과 잎 오일(아래 참조) 100ml
라임 1개 분량의 즙

### 무화과 잎 오일

생무화과 잎 또는 카피르 라임 잎 또는 월계수
    잎 125g
엑스트라 버진 올리브 오일 250ml

먼저 무화과 잎 오일을 만든다. 무화과 잎 가운데 줄기를 다듬어서 버린다. 85°C로 설정한 써머믹스에 잎과 올리브 오일을 넣고 고속으로 10분간 갈아준다. 얼음을 채운 커다란 볼 안에 작은 볼을 놓는다. 차게 식힌 볼 안에 종이 필터를 깐 체를 올려 놓고 오일을 거른다. 밀폐용기에 옮겨 담고 사용하기 전까지 냉장 보관한다. 써머믹스가 없다면 작은 냄비에 오일과 무화과 잎을 넣고 85°C로 가열한 다음 블렌더에 넣고 저속으로 갈다가 점차 속도를 높이면서 향이 우러날 때까지 5~6분 정도 갈아준다.

생선 손질을 하기 전에 작은 소스 팬에 물을 채우고 강한 화력으로 팔팔 끓인다.

날카로운 칼로 껍질 쪽에 칼집을 8번 긋는다. 껍질만 잘라야 하며 살까지 건드려서는 안 된다. 그런 다음 받침 망에 생선을 배열해 올려 놓는다. 50ml 용량의 국자로 포 1장마다 끓는 물을 3국자씩 붓는다. 받침 망째 냉장고에 넣고 최소 30분 정도 말린다.

작고 날카로운 칼로 그린 아몬드를 길게 반으로 가른 다음, 부드러운 그린 아몬드를 깨진 외피에서 꺼낸다. 칼 끝을 이용하면 쉽게 꺼낼 수 있다. 한쪽에 둔다.

생선 포의 대가리 쪽에서 꼬리 쪽으로 5mm 두께로 슬라이스한다. 1인분에 8조각, 75~80g 정도가 나와야 한다. 접시에 보기 좋게 담고 가룸, 무화과 잎 오일, 라임즙을 뿌려서 실온 상태로 차려 낸다.

**NOTE :** 그린 아몬드는 껍질을 벗기자마자 즉시 사용해야 하는데 쉽게 산화되어 갈변하기 때문이다(껍질을 미리 벗겨서 산화를 방지하려면 우유에 담가 두면 된다). 이 오일은 레시피의 분량일 때 가장 잘 만들어지므로 실제 사용량이 아닌 블렌더로 갈기에 알맞은 양이다. 남은 기름은 냉동 보관할 수 있다. 구운 돼지고기를 곁들인 샐러드 드레싱으로도 좋으며 익힌 생선에 발라서 먹어도 된다.

**대체 생선**
날개다랑어Albacore
농어Sea bass
도미Sea bream

# 야생 삼치와 어란 드레싱

Wild Kingfish & Roe Dressing

그리비슈Gribiche 소스는 프랑스 전통의 차가운 달걀 소스이며 어란 드레싱은 이 소스에서 영감을 받은 것으로 익힌 생선알, 케이퍼, 코니숑, 파슬리, 처빌, 타라곤, 엑스트라 버진 올리브 오일로 만든다. 한 접시에 같은 생선의 생살과 알을 담는 것은 매우 특별한 의미가 있으며 이는 곧 생선의 모든 부분을 존중한다는 의미임과 동시에 창의적인 테크닉 그리고 생선의 다양한 질감과 맛을 보여주는 시도이기도 하다. 이 레시피에는 달고기John dory, 무늬바리Coral trout, 부시리Yellow tail kingfish, 머레이 대구Murray cod, 참치방어Rainbow runner와 같은 다양한 대체 어류를 사용할 수 있다.

## 4인분

껍질은 남긴 채 뼈를 제거한 야생 삼치 포
　400g

### 어란 드레싱

막에서 긁어 낸 싱싱한 생선알 250g
엑스트라 버진 올리브 오일 500ml
디종 머스터드 1/2큰술
샤르도네 비니거 또는 설탕 1자밤을 넣은
　화이트 와인 비니거 1/2큰술
잘게 다진 처빌 1다발
잘게 다진 타라곤 1/2다발
물기를 빼고 잘게 다진 케이퍼 30g
물기를 빼고 잘게 다진 코니숑 90g
굵은 천일염과 갓 부숴 놓은 흑후추

드레싱을 만든다. 먼저 알주머니에서 긁어낸 알을 냄비에 넣고 올리브 오일을 붓는다. 아주 약불에서 알이 골고루 익을 때까지 10분간 계속 저어준 다음 알을 건져서 볼에 담고 조리유 250ml를 따로 식혀 보관한다.

식힌 알에 머스터드와 비니거를 넣고 남겨둔 조리유를 조금씩 넣으면서 잘 섞는다. 필요시 약간의 비니거 또는 따뜻한 물을 넣으면서(비니거와 따뜻한 물을 넣으면 분리현상이 개선되고 뿌옇게 변함-역주) 크림처럼 걸죽해질 때까지 섞어준다. 다진 허브, 케이퍼, 코니숑을 넣고 간을 한 다음 한쪽에 둔다.

생선 포의 대가리 쪽이 몸 쪽으로 향하고 껍질이 아래로 향하도록 놓는다. 날카로운 칼로 칼날을 껍질과 살 사이에 밀어 넣고 날이 껍질 쪽으로 향하도록 각도를 유지한 다음 꼬리 쪽으로 밀어준다. 적색육은 다량의 풍미와 천연유를 함유하고 있으므로 생선 살에 최대한 많이 붙어 있도록 해야 한다.

껍질이 제거되었으면 적색육이 위로 향하도록 뒤집어서 포의 측선을 따라 등살과 뱃살을 분리한다. 볼의 한가운데에 드레싱을 듬뿍 떠서 올려 놓고 그 위에 생선 슬라이스를 가지런히 배열한다. 소금으로 살짝 간을 한 다음 차려 낸다.

**대체 생선**
잿방어(Amberjack : 방어류 총칭)
달고기John dory
참치방어Rainbow runner

# 새콤한 양파, 달걀 노른자와 엔다이브를 곁들인 황다랑어 타르타르

Raw Diced Yellowfin Tuna, Sour Onions, Egg Yolk & Endive

황다랑어를 7~9일간 숙성시키면 풍미의 발현이 더욱 두드러져 타르타르 스테이크가 더 맛있어진다. 참치의 등살 한가운데가 아닌 다른 부위로 만든다면 힘줄에 붙어 있는 살을 긁어낸 다음 잘게 다진 살 대신 사용하면 된다.

## 3인분

힘줄을 제거한 황다랑어 등살 한가운데
   부위(7~9일 숙성 권장) 250g
잘게 다진 바나나 샬롯 2개
다진 양파 피클(기성품) 80g
잘게 다진 차이브 1다발
달걀 노른자 2개
고품질의 엑스트라 버진 올리브 오일 2큰술
양파 피클즙 2큰술
천일염, 갓 부숴 놓은 흑후추
밑동과 잎을 분리한 노란색
   위트로프(엔다이브/치커리)

황다랑어를 사방 1cm 크기의 주사위 모양으로 썰어서 큼직한 볼에 담아 놓는다(교차 오염을 막기 위해 반드시 1회용 장갑을 착용한다). 샬롯, 양파 피클, 차이브, 달걀 노른자 1개를 넣고 잘 섞어서 혼합한다. 모든 재료에 골고루 입혀질 정도의 올리브 오일을 넣고 원하는 정도의 산미가 구성될 정도의 피클즙을 넣는다. 소금과 후추로 간을 한다.

접시에 버무려 놓은 생선 살을 놓고 그 주위에 채소 잎을 보기 좋게 두른 다음 남아 있는 달걀 노른자를 올린다. 얇게 자른 바삭한 사워도우를 곁들이면 매우 잘 어울린다.

**대체 생선**

날개다랑어Albacore
갈전갱이Trevally
황새치Swordfish

# 소금과 식초에 절인 망치고등어와 오이, 튀긴 호밀빵

Salt & Vinegar Blue Mackerel & Cucumbers with Fried Rye Bread

이 요리는 피클링이 생선의 질감과 풍미를 어떻게 변화시킬 수 있는지를 보여주는 완벽한 표본이다. 어떤 종류의 오이라도 잘 어울리지만 나는 특히 굴과 유사한 특질이 있어서 고등어와 잘 어울리는 애플 화이트종(Apple white: 사과처럼 생긴 백오이의 일종. 재래종-역주)을 즐겨 사용한다. 빵 튀김은 튀기기 전에 하룻밤 말려야 하므로 미리 준비할 시간이 필요하다.

## 4인분

매우 싱싱한 망치고등어 포(80g) 4장
굵은 천일염 80g
셰리 비니거 250ml
부숴 놓은 주니퍼베리(두송자) 4개
백사과 오이 또는 레바논 오이(짧은 오이)
껍질과 분리한 다음 즙을 남겨둔 싱싱한
　바위굴 8개(선택 사항)
고품질 엑스트라 버진 올리브 오일 100ml

## 호밀빵 튀김

전유whole milk 1.2L
잘게 다진 바나나 샬롯 3개
월계수 잎 1장
타임 3줄기
크러스트를 제거한 다음 사방 5cm
　크기의 주사위 모양으로 잘라 하루 묵힌
　호밀빵(혹은 사워도우 빵) 500g
고운 소금
튀김용 카놀라유 또는 면실유 1L

먼저 호밀빵 튀김을 만든다. 오븐을 가장 낮은 온도로 예열하고 베이킹 시트에 두 개에 유산지를 깐다.

소스 팬에 우유, 샬롯, 월계수 잎, 타임을 넣고 중간 화력으로 뭉근하게 끓인다. 불에서 내린 다음 썰어 놓은 빵을 넣고 유산지로 덮는다. 빵이 물러질 때까지 20분간 그대로 둔 다음 푸드 프로세서에 넣고 아주 매끄러운 상태가 될 때까지 갈아준다. 빵 페이스트를 준비된 베이킹 시트의 가장자리 끝까지 아주 얇게 펴 바른 다음 오븐에 넣고 하룻밤 말린다.

다음날, 큼직한 소스 팬에 튀김용 기름을 붓고 170℃가 될 때까지 가열한다. 트레이에서 말린 빵 페이스트를 사각으로 뜯어 내어 노릇하고 바삭한 상태가 되도록 20초간 튀긴다. 사용할 때까지 따뜻하고 건조한 곳에 보관한다(튀긴 다음 1시간 이내에 사용하는 것이 가장 좋다).

다음으로 고등어 피클을 만든다. 껍질과 살에 골고루 소금 간을 하고 트레이에 올려(뚜껑을 씌우지 말고) 2시간 동안 냉장고에 넣어둔다.

2시간 뒤에 비니거, 주니퍼베리를 담은 통에 고등어를 넣고 30분간 절인다.

고등어를 절이는 동안 오이를 준비한다. 두꺼운 껍질을 벗기고 씨를 제거한 다음 사방 1cm 크기의 주사위 모양으로 자른다.

절여진 고등어를 꺼낸 다음 절임액은 따로 남긴다. 고등어의 껍질 쪽이 보이도록 돌려 놓는다. 손가락으로 대가리 부위에 가장 가까운 쪽의 껍질 귀퉁이를 쥐고 '근막' 뒤쪽에 남아 있는 살을 살살 잡아당겨 뜯어낸다. 고등어를 대가리 쪽에서 꼬리 쪽까지 1cm 두께로 슬라이스한다. 차려낼 접시에 고등어 슬라이스를 배열해서 올리고 각 접시마다 굴을 2개씩 올린다. 오이를 뿌리고 굴즙, 주니퍼베리 향이 밴 절임액을 약간씩 올린다. 올리브 오일을 살짝 입힌 다음 호밀빵 튀김과 함께 차려 낸다.

## 대체 생선

가다랑어Bonito
동갈치Garfish
대서양 청어Yellowtail bugfish

# 숙성, 염장, 훈제 생선 햄 모둠과 게르킨

Selection of Aged, Cured & Smoked Fish Hams & Gherkins

이 요리는 58~61쪽에 나오는 생선 햄을 한꺼번에 즐길 수 있는 방식이다. 여타의 맛있는 샤퀴트리 보드와 마찬가지로 게르킨, 코니숑 또는 피클은 풍성한 맛의 재료에 산미를 부여하는 가장 좋은 방식이며 이러한 젖산 발효 오이들은 염장 또는 훈제 생선에 곁들이기에 더할 나위 없이 좋다. 이들은 다양한 활용이 가능해서 누구라도 한 번만 먹어보면 곧장 찬장의 주연으로 등극하게 될 것이다.

## 6인분

뼈를 제거하지 않고 풀의 향신료로 맛을 낸
　돛새치 햄(58쪽 참조) 100g
염장, 훈제 브라운 송어(60쪽 참조) 100g
배불뚝치 관치알레(61쪽 참조) 100g
황새치 베이컨(60쪽 참조) 100g

### 젖산 발효 오이

고운 소금 90g
물 3L
덖은 펜넬 씨앗 3큰술
통흑후추 2큰술
으깬 마늘 2톨
자그마한 피클용 오이 1kg

발효 오이를 만든다. 물을 따르는 주둥이가 있는 커다란 볼에 소금, 물, 펜넬 씨앗, 통후추, 마늘을 넣고 소금이 완전히 녹을 때까지 휘저어 섞는다.

오이를 씻어서 불순물을 없앤 다음 소독한 메이슨kilner 병에 넣는다. 절임액을 붓고 내용물이 잠기도록 그 위에 유산지를 작은 사각형으로 잘라 올린다. 밀폐해서 먹기 전까지 시원한 곳에서 4~5주 정도 발효시킨다. 개봉 이후에는 냉장고에 보관한다.

매우 예리한 칼로 햄, 염장, 훈연 브라운 송어, 관치알레, 베이컨을 얇게 슬라이스한다. 껍질이 붙어 있으면 미리 다듬어 낸다. 도마 또는 접시에 유산지를 깔고 그 위에 조합해서 올린다. 차려 내기 전까지 실온 상태가 되도록 둔다.

뜨거운 바게트, 고품질의 차가운 버터, 발효 오이를 곁들여 낸다.

## 대체 생선

가다랑어Bonito
삼치Kingfish
참치Tuna

# POACHED

## 살짝 삶아 익히기

●

### 살짝 삶아 익히기에 최적의 생선들

북극곤들매기Arctic char

투어바리Bass grouper

푸른 눈 트레발라Blue-eye trevalla

꼬마달재Gurnard

해덕대구Haddock

참바리Hapuka or Groper

삼치Kingfish

머레이 대구Murray cod

가자미Plaice

폴락Pollock - 북대서양 대구

스페인 고등어Spanish mackerel

퉁돔Snapper

넙치Turbot

송어Trout

생선을 삶아서 요리하는 방식은 튀김, 로스팅 그리고 수비드와 같은 더 매력적으로 보이는 조리 방식에 밀려 그 유행이 다해버렸다. 아마 제대로 삶기가 좀 까다롭거나 그 식감과 풍미가 부족하리라는 인식 때문일 거라 생각한다.

물이나 육수에 허브 또는 향신료와 같은 향기로운 재료들을 넣어 생선에 미묘한 풍미를 부여할 수 있다면 '삶기'는 그 자체로 대단히 건강한 조리법이 될 수 있다. 다른 측면에서 보자면, 버터 또는 지방에 삶는 방식은 어종의 다양성을 즐기기에는 매우 바람직하지 못한 방식이다.

습열 조리법으로서의 삶기는 생선의 수분 유지와 함께 조리액의 풍미를 직접 스며들게 하는 기능을 수행한다. 조리액의 잠재력은 무궁무진하다. 이제 특정 조리액으로 조리할 때 그 풍미가 생선에 어떤 영향을 줄지에 관해 생각해보자. 내 경우 그린 올리브의 절임액, 리코타 치즈의 유장, 익힌 버섯에서 나온 즙으로도 환상적인 결과물을 얻을 수 있었다.

◀ 왼쪽, 뒷장과 108쪽 : 푸른 눈 트레발라(2일 숙성)

# 생선 삶기의 핵심 사항
## POACHED FISH ESSENTIALS

아래에 나오는 생선 삶기에 관한 기본적인 기술은 다양한 종과 재료, 풍미에 도움이 되리라 생각한다. 이 기술에 대한 자신감이 높아지면 생선 커리, 생선 수프, 헤드 테린과 같은 다소 까다로워 보이는 요리들도 만들 수 있게 될 것이다.

## 1.

냄비에 육수와 향료를 넣고 뚜껑을 덮은 채 끓을 때까지 가열한다. 육수가 끓으면 불에서 내린 다음 작업대 한쪽으로 옮긴다. 뚜껑을 열고 온도계에 85℃가 표시될 때까지 식힌다. 육수가 뜨거우므로 매우 주의해서 작은 소서(잔 받침)에 올린 생선을 냄비 바닥에 내려놓는다. 뚜껑을 덮고 불에서 내린 그대로 생선의 종과 두께에 따라 6분 정도 익힌다.

## 2.

타공 스푼으로 깨끗한 접시에 생선을 덜어 낸다. 껍질이 위로 향하도록 놓고 4분 동안 휴지시킨 다음 껍질을 살살 벗긴다. 껍질이 쉽게 벗겨진다면 살이 잘 익었거나 거의 다 익었다는 뜻이다(왜 생선 껍질은 먹지 않느냐고? 생선을 익히는 동안 조리액의 온도가 65℃까지 낮아진다는 점을 감안하면 생선 껍질은 여전히 질긴 고무 같은 상태일 것이기 때문이다).

**NOTE :** 껍질은 버리지 말고 그대로 계속 삶을 수 있는 만능 육수 즉 조리액이 담겨 있는 냄비에 다시 넣는다. 껍질에 있는 젤라틴은 농후제가 되어 육수의 점도를 증대시킨다. 이 조리액에 생선을 몇 마리 더 삶으면 익힌 스푼으로 떠서 생선 위에 올릴 수 있는 수프 또는 소스가 되는 것이다. 다 사용한 후에는 육수에 남아 있는 껍질이나 침전물을 다시 한 번 끓여서 체에 내린 다음 얼려서 보관한다.

## 3.

접시에 생선을 담고 고품질의 엑스트라 버진 올리브 오일과 굵은 천일염을 곁들인 다음 육수 100ml 정도를 국자로 떠서 끼얹는다.

# 삶은 하푸카, 아티초크, 마늘 마요네즈

Poached Hapuka, Artochokes & Garlic Mayonnaise

---

견습생이던 시절의 나는 가능한한 자주 시드니의 레스토랑에서 외식을 했고 분에 넘치는 식사로 인해 급여가 통째로 증발해 버리기도 했다. 그 탐험의 시기 동안 내가 먹어본 최고의 요리 중 하나는 멋진 레스토랑인 비스트로드Bistrode(내가 가장 좋아했던 곳 중 하나)에서 먹은 바리굴barigoule 소스에 삶아 익힌 부시리와 아티초크였다. 이 레시피는 그 맛있던 요리에 대한 나만의 재해석이다.

## 6인분

껍질은 남기고 잔가시를 제거한 하푸카,
　투어바리 또는 홍바리 포 180g짜리 6장

---

### 바리굴 소스

코리앤더 씨앗 1큰술
펜넬 씨앗 1/2큰술
흑통후추 1/2큰술
생월계수 잎 1장
타임 4줄기
엑스트라 버진 올리브 오일 300ml
가늘게 슬라이스한 양파 1/2개
가늘게 슬라이스한 당근 1/2개
가늘게 슬라이스한 셀러리 속줄기 1/2개
통마늘 1/2개
달지 않은 화이트와인 500ml
물 500ml
반으로 가른 예루살렘 아티초크 1kg

---

### 마늘 마요네즈

달걀 노른자 2개
디종 머스터드 1/2큰술
화이트 와인 비니거 2작은술
고운 소금
포도씨 오일 250ml
레몬 1/2개 분량의 즙
강판에 곱게 간 마늘 3톨

---

### 차려낼 때(선택 사항)

잎만 뜯어낸 생타라곤, 이탈리아 파슬리, 처빌
　각 1/2다발
슬라이스한 소렐 잎 3장
줄기를 뜯어낸 딜 1/2다발

바리굴 소스를 만든다. 향신료와 허브를 면포에 넣고 묶어서 부케가르니Bouquet garni를 만든다.

바닥이 넓은 커다란 소스 팬에 올리브 오일을 두르고 가열한 다음 양파, 당근, 셀러리, 마늘을 넣고 부드러워지되 색이 나지 않도록 7분 정도 익힌다. 와인과 부케가르니를 넣고 끓을 때까지 가열한다. 물을 넣고 다시 끓인 다음 한쪽에 둔다.

마요네즈를 만든다. 볼이 흔들리지 않도록 냄비에 행주를 걸쳐 놓고 그 위에 볼을 올려 놓는다. 볼에 달걀 노른자, 머스터드, 식초, 소금을 넣고 거품기로 휘저어 혼합한다. 포도씨 오일을 천천히 떨어뜨리면서 계속 휘저어 걸쭉한 유화 상태를 만든다. 맛을 보고 소금, 레몬즙, 마늘을 첨가한다. 부드럽게 휘핑된 크림과 같은 농도가 나야 한다. 필요시 약간의 따뜻한 물로 농도를 조절한다. 한쪽에 둔다.

커다란 냄비에 바리굴 액 500ml와 익힌 채소를 넣고 한쪽에 둔다. 남은 바리굴 액을 바닥이 두꺼운 넓은 냄비에 넣고 뚜껑을 닫은 채 끓을 때까지 가열한다. 아티초크를 넣고 부드러워질 때까지 익힌 다음 타공 스푼으로 건져서 한쪽에 둔다.

불을 끄고 냄비에 생선을 넣고 뚜껑은 덮은 채 생선 살이 불투명해지기 시작할 때까지 7~8분 정도 익힌다. 타공 스푼으로 생선을 조심스럽게 건져서 접시에 올려 놓고 껍질을 살살 벗겨낸다(109쪽 참조).

타라곤, 파슬리, 처빌, 소렐, 딜을 섞어서 한쪽에 둔다.

남겨 둔 바리굴액 500ml, 아티초크와 나머지 채소를 뭉근하게 끓인 다음 생선 위에 끼얹는다. 마요네즈를 듬뿍 떠서 올리고 허브를 곁들여 차려낸다.

**NOTE :** 바리굴 스타일(BARIGOULE a la)은 삶아서 저장하는 아티초크 요리를 지칭한다. 이 육수는 대개의 경우 맨 위에 기름 층이 생기는데 이 요리에서 비네그레트와 같은 역할을 하므로 버리면 안 된다. 향신료와 채소 역시 요리를 완성시키는 멋진 가니시가 된다.

### 대체 생선

북극 곤들매기Arctic char
투어바리Bass grouper
민대구Hake

# 향유에 삶은 가다랑어, BBQ 펜넬 드레싱, 바삭한 감자칩

Bonito Poached in Fragrant Oil, BBQ Fennel Dressing & Crisp Potato

기름에 삶는 것은 가다랑어, 참치, 고등어, 정어리 등을 요리할 때 아주 좋은 방법이다. 나는 그중 가다랑어에 몰표를 주고 싶은데 제대로 조리했을 때 느낄 수 있는 독특함 때문인 듯하다. 제철의 가다랑어는 깔끔하고 감칠맛 나는 풍미와 더불어 매우 탄탄하고 조밀한 질감으로 인해 날것으로 또는 살짝만 익혀서 먹는 것이 가장 좋다. 펜넬과 아니스 씨앗이 생선과 잘 어울리는 확실한 조합이긴 하지만 나는 이 드레싱과의 조합을 더 좋아한다. 생펜넬을 구우면 채소의 섬유질만 파괴되고 아삭함이 유지된다. 이 레시피에서는 레스토랑에서 직접 말린 켈프Kelp 가루를 사용했지만 미역, 다시마, 김 가루를 사용해도 된다. 참고로 이 요리는 하루 전에 시작해야 한다.

## 4인분

커다란 가다랑어에서 잘라낸 껍질이 붙어
　　있는 포 1.5~3kg
엑스트라 버진 올리브 오일 1L
부숴 놓은 흑후추 100g
월계수 잎 1장
주니퍼베리 약간
로즈마리 작은 다발
소금

## 바삭한 감자칩

큼직한 분질 감자 2개
소금 1자밤
튀김용 카놀라 오일(또는 면실유)

## 펜넬 드레싱

윗부분이 붙어 있는 큼직한 펜넬 1개
엑스트라 버진 올리브 오일 170ml
말린 켈프 가루 80g
소금 1자밤
매우 고운 설탕 1작은술
링 모양으로 가늘게 슬라이스한 프렌치 샬롯
　　60g
샤르도네 비니거 또는 설탕 1자밤을 넣은
　　화이트와인 비니거 50ml

바삭한 감자칩을 만든다. 오븐을 가장 낮은 온도로 예열한다. 감자의 껍질을 벗기고 커다란 냄비에 사각 강판을 놓고 감자를 갈아 넣는다. 전분질의 펄프도 모두 넣는다. 감자가 잠길 정도로 차가운 물을 붓고 소금을 넉넉하게 넣은 다음 끓을 때까지 가열한다. 감자가 완전히 물러지고 끈적한 액상이 만들어질 때까지 20분 정도 익힌다.

망 스푼으로 전분질의 액상은 남기고 펄프만 걷어낸다. 블렌더에 펄프를 넣고 걸쭉한 크림 상태가 될 때까지 갈아준다. 너무 걸쭉하면 전분질의 액상을 조금 넣어 풀어준다.

베이킹 트레이에 유산지를 깔고 감자 퓌레를 가장자리까지 얇게 펴 바른다. 오븐에 하룻밤 넣어 둔다. 결과물은 얇고 반투명한 칩 상태여야 한다.

다음날, 바닥이 두꺼운 냄비에 튀김용 기름을 절반 정도 채우고 180℃가 될 때까지 가열한다. 옅은 황갈색이 될 때까지 감자를 10~15초간 튀긴다. 건져서 종이 타월에 올려 기름을 뺀다. 간을 하고 한쪽에 둔다.

펜넬 드레싱을 만든다. 만돌린이나 날카로운 칼로 펜넬의 윗부분에서 밑동까지 가늘게 슬라이스 한다. 올리브 오일 30ml를 붓고 가볍게 입혀지도록 버무린다.

바비큐 플레이트를 고온으로 설정하거나 강한 화력에 주물 팬을 놓고 펜넬이 한 층으로 깔리도록 올린 다음 1~2분 정도 구우면서 중간에 한 번 뒤집는다. 커다란 볼에 옮겨 담고 켈프 가루로 간을 한다. 남은 펜넬을 마저 구워 반복한다.

다른 볼에 소금, 설탕, 샬롯을 넣고 섞는다. 10분 정도 그대로 둔 다음 나머지 오일 140ml와 비니거를 넣고 섞는다. 이 드레싱을 구워 놓은 펜넬에 붓고 따뜻한 곳에 둔다.

가다랑어는 날카로운 칼로 측선을 따라 잘라 등살과 뱃살을 분리한다. 등살과 뱃살을 각각 90~100g 정도의 조각으로 4등분 한다.

작은 잔 받침이나 접시를 비닐 랩으로 가장자리까지 팽팽하도록 싸서 올리브 오일, 통후추, 허브와 함께 냄비에 넣는다. 약한 화력으로 오일이 48℃가 될 때까지 가열한다. 등살을 랩으로 감싼 잔 받침 위에 올려 놓는다. 등살이 뱃살보다 익는 시간이 조금 더 걸린다. 따뜻한 오일에 12~15분간 넣어 둔다. 등살이 익으면 냄비를 불에서 내리고 5분 더 그대로 둔 다음 등살을 건져 접시에 올려 담고 같은 방식으로 뱃살을 익힐 동안 그대로 둔다. 이번에는 등살보다 얇기 때문에 10분이면 충분하다.

차려낼 때는 드레싱 한 스푼을 접시 한가운데에 놓고 그 중간에 가다랑어를 올린 다음 간을 한다. 그 위에 튀긴 감자칩을 부러뜨려서 올리고 마무리한다.

## 대체 생선

날개다랑어Albacore
참치Tuna
황새치Swordfish

# 호주 토종 생선 커리

Native Australian Fish Curry

생선 커리는 전 세계적으로 해산물 요리에서 매우 중요한 위치를 차지하고 있으며 어느 나라의 것(태국, 인도, 영국)인지에 따라 매우 다양한 형태로 존재한다. 나는 호주 토종의 재료인 페퍼베리, 토종 생강, 터메릭 잎, 토종 타임 등으로 좀 더 가볍고 향기로운 커리를 만들어 내고 싶었다. 여기에 그 레시피를 그대로 재현했지만 더 쉽게 구할 수 있는 대체 허브와 향신료에 대한 정보도 기재해두었다.

## 8인분

천연 설탕(데메라라 : demerara) 100g
생선 가룸(73쪽 참조) 또는 고품질의 피시
 소스 100ml + 필요시 사용할 추가 분량
코코넛 워터 6L
머레이 대구 찹 8개(대체할 수 있는 최적의
 생선은 다른darne NOTE 참조)
라임 2개 분량의 즙

## 포도 피클

레드와인 비니거 975ml
매우 고운 설탕 375g
소금 1큰술
포도 600g

## 커리 페이스트

코리앤더 씨앗, 펜넬 씨앗, 통흑후추 각각
 2큰술
스촨 페퍼 1큰술
프렌치 샬롯 600g
마늘 100g
껍질 벗긴 생강 100g
토종 터메릭 잎 4장 또는 굵직하게 다진
 생터메릭 50g
토종 생강 잎 4장 또는 굵직하게 다진 생강
 50g
카피르 라임 잎 4장
껍질과 뼈를 그대로 둔 채 2cm 길이로 자른
 훈제 장어 1/2마리
씨를 제거한 염장 고추 또는 순한 고추 400g
잎만 뜯어 놓은 토종 타임 또는 레몬 타임
 3줄기
포도씨 오일 750ml

포도 피클을 만든다. 냄비에 비니거, 설탕, 소금을 넣고 센 불로 끓을 때까지 가열한다. 플라스틱 용기에 포도를 넣고 포도가 완전히 잠길 정도로 시럽을 붓는다. 포도가 잠겨 있도록 그 위에 유산지를 덮고 최소 2시간 정도 식힌다. 하룻밤 또는 그 이상 식히는 것이 좋다. 포도 피클은 몇 달 동안 보관할 수 있다.

커리 페이스트를 만든다. 모든 씨앗과 후추를 중불로 향이 날 때까지 따로 덖은 다음 절반 분량의 향신료와 절반 분량의 페이스트 재료를 푸드프로세서에 넣고 갈아서 매끄러운 페이스트를 만든다. 이 과정을 반복해서 모든 향신료와 페이스트 재료를 커리 페이스트로 만든다.

크고 바닥이 두꺼운 냄비를 중불로 5분간 달군 다음 커리 페이스트를 넣고 15분간 볶는다. 이 과정의 핵심은 이 재료들을 시작 단계부터 완전 조리해서 최종 육수에 균형이 잘 잡힌 풍미를 내도록 하는 것이다.

설탕과 가룸을 넣고 10분간 익혀서 설탕을 캐러멜화한다. 코코넛 워터를 넣고 끓을 때까지 가열한 다음 불을 줄여서 육수가 반으로 졸아들 때까지 45분 정도 뭉근하게 끓인다. 불을 끄고 20분 정도 그대로 둔다.

큼직한 국자로 육수를 떠서 굵은 체에 걸러 내린 다음 이 육수를 생선을 삶을 큼직한 냄비와 중간 크기의 소스 팬에 나누어 담는다.

큰 냄비에 담긴 육수를 끓인다. 불에서 내린 다음 찹 4개를 넣고 뚜껑을 덮은 채로 10분간 삶는다. 소스 팬에 있는 육수를 뭉근하게 재가열한 다음 맛을 보고 필요시 라임 주스와 가룸으로 간을 맞춘다.

생선이 다 삶아졌으면 껍질이 벗겨지지 않도록 주의하면서 젓가락으로 생선을 건져 접시에 옮긴 다음 나머지 생선을 같은 방식으로 조리한다.

생선에 따뜻한 육수를 붓고 허브 샐러드, 현미밥, 포도 피클 그리고 기호에 맞는 다른 피클을 곁들여서 차려낸다.

**NOTE :** 커틀릿으로도 알려진 다른darne은 생선의 아래쪽 2분체를 뼈가 있는 스테이크 모양으로 자른 것이다. 아래쪽 2분체에서 토막을 냈다는 것은 뼈가 한가운데에 하나 밖에 없다는 뜻이며 뼈가 없기에 먹기가 수월하다는 뜻이기도 하다. 또한 생선을 조리하는 동안 그 모양을 유지하도록 해줄 뿐만 아니라 (뼈에서 나오는 성분으로 인해) 생선과 육수가 더 맛있어진다.

## 대체 생선

투어바리Bass grouper
민대구Hake
넙치Turbot

# 세인트 피터의 생선 수프

Saint Peter's Fish Soup

이 수프는 전통적인 부야베스bouillabaisse와 비슷하지만 약간 다른 점이 있다. 일단 이 수프의 기초를 숙달하기만 한다면 이 레시피의 한계를 뛰어넘는 재료를 사용할 수 있다는 점에서 빈 캔버스와 같은 역할을 할 것이다(예를 들어, 여러분이 살고 있는 곳의 토종 재료를 사용한다면 보편적으로 알려진 생선 스튜의 풍미 프로파일을 상당히 드라마틱하게 바꿀 수 있게 된다). 이 수프를 만들 때는 인내심을 갖자. 주의를 기울이는 만큼 더 나은 결과물이 만들어진다.

## 6인분

### 수프 베이스

소형 통쥐치 또는 통쥐치복 2.5kg

통조각보리멸 2.5kg

통성대 2.5kg

내장을 제거한 푸른 점 양태 또는 도미 2.5kg

엑스트라 버진 올리브 오일 120ml

소형 게(청색 꽃게 또는 브라운 크랩, 모래 게가
    적합) 2.5kg

새우 10kg 분량의 껍질과 대가리

굵은 천일염, 갓 갈아 놓은 흑후추

가늘게 슬라이스한 양파 3개

으깬 마늘 5톨

가늘게 슬라이스한 펜넬 1통

토마토 페이스트(농축 퓌레) 100ml

굵직하게 다진 토마토 4개

타임 1/2다발

레몬 타임 10줄기(선택 사항)

살짝 덖은 펜넬 씨앗 1작은술

팔각 1개

말린 부시 토마토 4개 분량의 가루 또는 훈제
    파프리카 가루 약간(선택 사항)

사프론 3g

맛 내기용 레몬즙

수프 베이스를 만든다. 날카로운 토막용 칼cleaver로 생선을 작은 조각으로 다진다. 바닥이 두꺼운 커다란 냄비에 올리브 오일 100ml를 붓고 가열한 다음 게, 새우 껍질을 넣고 색이 날 때까지 10~12분간 볶는다. 볼에 담아 한쪽에 둔다.

다시 냄비를 중불로 가열한 다음 같은 오일을 두르고 다진 생선을 넣는다. 소금을 1자밤 넣어 간을 하고 색이 고르게 날 때까지 10분 정도 익힌다. 먼저 익힌 갑각류와 함께 한쪽에 둔다.

넓적한 바비큐용 스크레이퍼로 냄비 바닥에 눌어붙은 캐러멜화 된 생선을 긁어 내고 익혀 놓은 생선과 함께 한쪽에 둔다. 나머지 올리브 오일을 두르고 중불로 가열한다. 양파를 10분간 축축하게 볶은 다음 센불로 올려서 마늘, 펜넬을 넣고 5분 더 익힌다. 토마토 페이스트를 넣고 향기가 날 때까지 5분 더 볶는다. 익혀 놓았던 생선, 갑각류, 나머지 재료를 모두 넣고 물을 붓는다. 뚜껑을 덮고 끓을 때까지 가열한다. 물이 끓자마자 뚜껑을 열고 센불에서 20분간 익힌다.

몰리(Mouli: 회전식 다짐기)에 내리거나 푸드프로세서에 넣고 펄스로 갈아서 체에 거른 다음 소금, 레몬즙, 후추로 맛있게 간을 한다.

## 루이유Rouille

구워서 껍질을 벗긴 빨간 파프리카 1개
씨를 뺀 홍고추 1개
껍질을 벗기고 다이스한 감자 2개
구운 마카다미아 50g
마늘 5톨
말린 부시 토마토 2개 분량의 가루(선택 사항)
훈제 파프리카 가루 1/4 작은술
사프론 1자밤
엑스트라 버진 올리브 오일 210ml

## 마무리용 가니시

껍질을 남겨둔 더치 크림 또는 빈체bintje 같은
　　소형 분질 감자 500g
내장과 비늘을 제거한 노랑촉수 120g짜리
　　5미
달고기 알 200g
갑오징어 도는 오징어 다리 400g
해감한 피피pipis조개 또는 바지락 500g
껍질을 벗기고 내장을 제거한 왕새우 10미
기ghee 50g
가급적 가장 싱싱한 생선(달고기, 능성어,
　　대구) 간

루이유를 만든다. 올리브 오일을 제외한 모든 재료를 스테인리스 냄비에 넣고 이 재료들이 잠길 정도로 생선 수프를 넉넉하게 부은 다음 감자가 아주 부드러워질 때까지 익힌다. 걸러서 조리액은 남겨둔다. 푸드 프로세서에 감자와 조리액 40ml를 넣고 갈아서 매끄러운 퓌레로 만든다. 올리브 오일을 조금씩 넣으면서 잘 저어준다. 소스가 걸쭉하면서 매끄러운 상태가 되면 소금, 레몬즙으로 간을 한다.

마무리용 가니시를 만들기 위해 남아 있는 수프 베이스를 큰 냄비와 중간 크기의 냄비에 나누어 담는다. 중간 크기의 냄비에 감자를 넣고 끓을 때까지 가열한 다음 부드러워질 때까지 15~20분 정도 익혀서 한쪽에 둔다.

큰 냄비의 수프 베이스를 끓을 때까지 가열한다. 불을 끄고 노랑촉수, 달고기 알, 오징어 다리를 넣는다. 뚜껑을 덮고 4~5분 정도 익힌 다음 접시에 담아 한쪽에 둔다.

이 수프 베이스를 다시 끓여서 불을 끈 다음 피피 조개, 새우를 넣고 3분간 익힌다. 조개류는 시간에 개의치 말고 껍질이 벌어지면 바로 꺼낸다. 생선이 있는 접시 한 켠에 같이 담아 놓는다.

프라이팬에 기를 넣고 센불로 가열한다. 생선 간을 넣고 양쪽 면에 황갈색이 날 때까지 약 1분간 지진다. 과조리 되지 않도록 주의한다.

이제 요리를 마무리한다. 커다란 볼 또는 접시에 익혀 놓은 재료들을 푸짐하게 담고 모든 해산물을 삶았던 수프 베이스를 다시 끓인 다음 넉넉하게 붓는다. 빵, 버터, 샐러드, 루이유 그리고 차가운 샤르도네 한 병과 함께 차려낸다.

**대체 생선**

꼬마달재Gurnard
숭어Mullet
퉁돔Snapper

# 훈제 태평양 송어 리예트, 아몬드와 래디시

Smoked Ocean Trout Rillette, Almonds & Radishes

이 요리는 내가 시드니에 있는 카페 니스Café Nice에서 주방장으로 일할 때 처음 만들었는데 메인 코스에 사용할 송어 포를 뜰 때 나온 자투리를 다 써버리는 방편이었다. 내 견습생이었던 올리Ollie와 나는 세인트 피터를 오픈 하기 바로 전 해에 상하이에서 열린 행사에 참여해서 이 요리를 카나페로 만들었는데 자그마치 600인분이었다. 더 말할 것도 없이 우리 둘은 한동안 이 요리의 꼴도 보기가 싫을 정도였다.

## 2인분

고운 소금 80g
딜 2줄기
껍질과 뼈를 제거한 태평양 송어, 브라운 송어
　　뱃살, 꼬리 250g
훈연용 사과나무 조각 뭉치 14g짜리 1개
포도씨 오일 500ml
마늘 마요네즈 3큰술(110쪽 참조)
잘게 다진 타라곤 1작은술
잘게 다진 이탈리아 파슬리 1작은술
잘게 다진 차이브 1작은술
구워서 잘게 조각 낸 아몬드 2큰술
레몬 1/2개 분량의 즙
굵은 천일염과 갓 부숴 놓은 흑후추
자그마한 래디시 15개

소금, 딜, 펜넬 씨앗을 향신료 그라인더에 넣고 갈아서 송어 살에 문질러 바른 다음 최소 4시간 또는 하룻밤 염장한다.

다음날, 차가운 물에 생선을 헹군 다음 종이 타월로 가볍게 두드려 물기를 닦는다.

생선을 훈연기에 넣고 선호하는 훈연향의 정도에 따라 20~30분간 냉훈연Cold smoke한다. 이중 찜기 맨 위에 포일을 깔고 바닥에는 물에 적신 훈연용 나무 조각을 깔아서 이를 냉훈연에 사용해도 된다.

냄비에 오일을 붓고 오일 온도가 48°C가 될 때까지 가열한다. 훈제 송어를 냄비에 넣고 따뜻한 기름에 살이 굳을 때까지 그대로 12~15분간 넣어 둔다. 생선은 딱 알맞게 익어야 한다. 생선을 종이 타월에 건져서 기름을 뺀 다음 볼에 옮겨 담는다. 뚜껑을 덮어서 냉장고에 넣고 식힌다.

포크로 식힌 생선을 고기 리예트와 비슷하게 거친 질감이 나도록 잘게 찢는다. 마요네즈, 허브, 아몬드를 넣고 레몬즙, 소금, 후추로 간을 한다.

날카로운 만돌린으로 래디시를 일정한 두께의 얇은 원판 모양이 되도록 슬라이스한다. 한쪽에 둔다.

접시에 리예트를 놓는다. 큼직한 스푼으로 양념한 송어를 듬뿍 떠서 접시 한가운데에 달걀 모양처럼 만들어 올리고 그 위에 래디시 슬라이스를 사진에서 보는 바와 같이 생선 비늘처럼 보이도록 올린다. 나는 이 요리에 주로 엔다이브, 치커리 잎 또는 구운 사워도우를 곁들여 먹는다.

## 대체 생선

북극곤들매기Arctic char
스페인 고등어Spanish mackerel
송어Trout

# 헤드 테린, 머스터드와 피클
## Head Terrine, Mustard & Pickles

나는 정성껏 관리하고 신중하게 준비한 간소한 재료가 굉장한 요리로 탈바꿈하는 이런 스타일의 요리를 좋아한다. 여러분이 '생선 대가리'라는 재료에 대한 심리적 장애를 극복하기만 한다면 계속해서 다시 찾을 레시피가 되리라 확신한다. 테린을 누르기 전에 익힌 생선 대가리 살을 잘 발라내는 것이 무엇보다 중요하다.

## 12인분

갈색 생선 육수(67쪽 참조) 5L + 테린을 굳힐
　500ml의 육수를 300ml로 졸인 육수
무늬바리 또는 비슷한 종의 500g짜리 생선
　대가리(부시리, 적색퉁돔, 농어, 하푸카,
　양초꼬리돔) 6개
가늘게 슬라이스한 차이브 1다발
가늘게 슬라이스한 처빌 잎 1다발
가늘게 슬라이스한 이탈리아 파슬리 1/2다발
잘게 다진 프렌치 샬롯 4개
케이퍼 60g
잘게 다진 게르킨 또는 코니숑 60g
디종 머스터드 2작은술
굵은 천일염과 갓 부숴 놓은 흑후추

커다란 육수 냄비에 생선 육수 5L를 넣고 끓을 때까지 가열한다. 불을 끄고 대가리 2개를 뜨거운 육수에 넣고 뚜껑을 닫는다. 대가리에서 살이 완전히 빠져나올 수 있을 때까지 12~15분간 익힌다. 나머지 대가리도 같은 방법으로 익힌다.

대가리가 다 익었으면 일회용 장갑을 착용하고 뜨거울 때 비늘, 뼈, 연골을 떼어내면서 살을 발라낸다. 살을 다 발라내고 남은 살을 다시 한 번 더 꼼꼼히 발라낸다.

생선 살이 완전히 차갑지 않을 정도로 적당히 식으면 허브, 샬롯, 케이퍼, 게르킨 또는 코니숑, 머스터드 그리고 졸여 놓은 육수 300ml를 넣고 잘 섞는다. 간을 한 다음 이 혼합물을 통나무 모양으로 말거나 비닐 랩을 간 1kg 용량의 테린 틀에 넣는다. 후자를 할 경우에는 틈이나 기포가 생기지 않도록 단단히 감싸야 한다(테린에 반숙 달걀이나 채소와 같은 다른 고명을 넣어도 된다). 밤새 냉장고에 넣어 굳힌다.

허브 샐러드, 맛있는 머스터드, 직접 만든 피클, 차가운 버터, 따뜻한 호밀빵과 함께 차려낸다.

**대체 생선**
능성어Grouper
민대구Hake
하푸카Hapuka

# 생선 카술레
## Fish Cassoulet

우리가 생선으로 소시지와 베이컨을 완성했을 때 나는 이제 이들을 활용한 카술레Cassoulet 같은 요리를 만들어야겠다고 생각했다. 그러나 시간은 속절없이 흘렀고 '피시 부처리'를 열었을 때에 이르러서야 비로소 실현해냈다. 이 요리를 만들려면 작은 과정들도 나누면서 미리 계획을 세워야 한다. 그렇지 않으면 감당이 안 될 수도 있기 때문이다. 나는 이 요리를 책에 꼭 수록하고 싶었다. 육류 요리의 테크닉이 생선 요리의 영역에 그대로 적용될 수 있다는 생각을 처음으로 하게 된 요리 중 하나였기 때문이다.

### 4인분

말린 카넬리니(리마) 콩 100g
4cm 길이로 자른 훈제 장어 1미
기ghee 120g
잘게 다진 당근 1개
잘게 다진 양파 1개
타임 12줄기
마늘 1통
잘게 다진 토마토 1개
갈색 생선 육수(67쪽 참조) 1.5L
두꺼운 막대 모양으로 자른 훈제 황새치
　　베이컨(60쪽 참조) 200g
생선 소시지(206쪽 참조) 4개
잔 뼈를 제거하고 스테이크용으로 4등분한
　　스페인 고등어 다른(115쪽 NOTE 참조)
　　600g
브리오슈 식빵 400g
훈제 스페인 고등어 염통 1개
다진 타라곤 잎 1큰술
천일염 1/2작은술

카넬리니 콩을 밤새 찬물에 담가 불린다.

훈제 뱀장어는 검은 외피를 벗긴 다음 작은 칼로 뼈에서 살을 발라내고 분리된 뼈와 살을 한쪽에 둔다.

바닥이 넓고 두꺼운 냄비에 기 60g을 넣고 센불로 가열한 다음 당근과 양파를 넣고 살짝 색이 나면서 부드러워질 때까지 5분 정도 볶는다. 미리 준비해 놓은 장어 살과 뼈를 넣고 5분 더 볶는다. 타임, 마늘, 토마토를 넣고 생선 육수를 붓는다. 끓을 때까지 가열한 다음 불을 줄이고 살짝 걸쭉해질 때까지 15~20분간 뭉근하게 끓인다. 불을 끄고 식히면서 맛을 우려낸다.

육수가 식으면 비어 있는 큰 냄비에 옮겨 담는다. 불린 콩을 넣고 끓을 때까지 가열한다. 불을 줄이고 콩이 물러질 때까지 45분 정도 뭉근하게 끓인다.

프라이팬에 남아 있는 정제버터와 베이컨을 넣고 베이컨이 짙은 갈색으로 캐러멜화 될 때까지 6~7분간 볶는다.

같은 프라이팬에 소시지를 넣고 모든 면에 노릇한 색이 나도록 4분간 볶는다. 베이컨과 함께 한쪽에 둔다.

베이컨과 소시지를 볶았던 프라이팬에 뜨거운 육수 두 국자를 부어 데글레이즈(팬 바닥에 눌어 붙은 단백질과 즙을 육수나 와인 등을 부어 녹여 내는 과정-역주) 한다. 팬 바닥에 눌어 붙은 작은 조각들을 모두 긁어 육수에 붓는다. 육수를 중불로 끓을 때까지 가열한 다음 불을 끄고 고등어 스테이크를 넣는다. 뚜껑을 덮고 5분간 익힌다. 타공 스푼으로 생선을 꺼내 접시에 옮겨 담는다. 이 단계의 생선은 60% 정도만 익은 상태여야 한다.

브리오슈의 크러스트를 제거하고 푸드프로세서에 넣어 굵은 빵가루로 만든다. 고등어 염통을 마이크로플레인(상품명, 날이 아주 고운 강판-역주)으로 갈아 빵가루에 넣고 타라곤도 넣는다. 소금으로 간을 한 다음 한쪽에 둔다.

오븐의 그릴(브로일러, 상부 가열 조리기구-역주)을 예열한다. 커다란 캐서롤이나 내열 접시에 베이컨, 소시지, 장어 살(작은 조각들로 부숴진 상태), 잘 익은 콩과 함께 고등어 스테이크를 배열해서 놓고 재료의 절반 높이까지 육수를 붓는다. 모든 재료가 완전히 덮일 정도로 빵가루를 뿌린 다음 빵가루가 노릇해지면서 가장자리에 거품이 올라올 때까지 그릴에 넣고 8~10분간 익힌다. 차려 내기 전 2~3분간 그대로 둔다. 겨울에는 소금에 구운 양배추(152쪽 참조) 또는 셀러리약을 곁들이면 좋다.

### 대체 생선
푸른 눈 트레발라Blue-eye trevalla
쥐치Leatherjacket
해덕대구Haddock

# FRIED
## (DEEP, SHALLOW & PAN)

# 튀김
## (깊게, 얕게 그리고 팬에 지지기)

## 튀김에 최적인 생선들

도미Bream

꼬마달재Gurnard

넙치Halibut

청어Herring

달고기John dory

부시리Kingfish

고등어Mackerel

만새기Mahi=mahi

조기Meagre / Jewfish

숭어Mullet

머레이 대구Muray cod

정어리Pilchards

가자미Plaice

농어Sea bass

멸치Sprats

취청이Trumpeter

명태Whiting

생선 튀김은 세계적으로 알려져 있고 널리 사랑받는 요리다. 콘월 부두의 대구 튀김과 식초를 뿌린 칩, 내슈빌의 남부식 메기 튀김과 그리츠(grits: 굵게 빻은 옥수수를 익힌 요리- 역주)는 향수를 불러 일으키고 위안을 안겨주는 음식이다.

나는 얕게 튀길 때나 팬에 지질 때 발연점이 높은(250℃) 기ghee 또는 정제 버터를 선호한다. 향 또한 다른 유지보다 월등해서 버터만이 만들어 낼 수 있는 달콤한 풍미가 생선 껍질에 배어든다.

생선을 얕게 튀기거나 팬에 지질 때 살 쪽으로 장시간

익히면 심한 손상이 가해져 질감이 메마르고 단단해진다. 껍질도 먹을 수 있는 어종이라면 껍질을 그대로 남겨 두는 것이 좋다.

생선을 얕게 튀기거나 팬에 지질 때 사용할 프라이팬의 선택은 조리하는 사람에게 달려 있다. 생선을 지질 때 나는 주물팬을 사용하는데 이 재질은 고온의 열을 매우 빨리 발생시키기 때문이다. 연결되는 레시피들을 이해하면 서로 다른 유지와 온도로 생선을 조리할 때 자신감을 갖게 되어 완벽한 결과물을 만들 수 있게 된다.

◀ 왼쪽, 뒷장과 134쪽: 무늬바리(3일 숙성)

# 바삭한 생선 껍질에 관한 핵심 사항
## CRISP-SKIN FISH ESSENTIALS

생선 껍질을 튀길 때 명심해야 할 여러가지 사항들이 있다.

**1.** **생선 그 자체.** 달궈진 팬에 생선을 놓기 전에 먼저 생선의 상태를 확인하자. 냉장고에서 꺼내자마자 조리를 하면 단백질이 균일하게 굳지 않게 된다. 특히 조리 시간이 비교적 짧은 생선의 경우 제대로 익었는지를 판단하기가 어렵다.

**2.** **기름(유지).** 나는 생선 껍질을 바삭하게 익히려고 조리의 시작 단계에서 소량의 기ghee를 사용하는데 2분 정도 후에 버린 다음 다시 소량을 보충해서 조리를 마무리한다.

**3.** **생선 누르개.** 불가능하지는 않겠지만, 이 주방 기구 없이는 생선을 잘 지지거나 굽는 것이 어려울 수도 있다. 온라인에서 쉽게 구할 수 있는 이 누르개는 달궈지지 않도록 설계되었다. 따라서 생선 껍질 쪽으로 팬에 지지면 껍질을 바삭하게 만든 열이 그대로 생선의 근육을 타고 올라가 누르개의 표면과 맞닥뜨리게 되어 흩어지는 것이다.

누르개는 살코기의 맨 윗부분을 매우 천천히 굳히는 반면 껍질을 팬에 직접 닿게 한다. 얇은 필렛에서 두꺼운 필렛에 이르기까지 누르개를 사용하면 날생선의 조리를 스토브로 시작해서 스토브로 끝낼 수 있게 되어 그 마무리를 오븐에 의존하는 빈도를 줄일 수 있게 될 것이다. 그러니 두께가 매우 두꺼운 필렛을 조리한다면 먼저 누르개로 껍질부터 바삭하게 익히자. 그런 다음 변색(갈변)의 조짐이 보이면 누르개를 제거한 뒤 오븐으로 옮겨서 완벽하게 마무리하면 된다. 누르개 대신 물이 채워진 작고 바닥이 두꺼운 소스 팬을 사용할 수도 있지만 사용하기가 까다로우니 참고하자.

**4.** **열.** 우리가 요리할 때 사용하는 열원은 강한 열을 내뿜는 넓은 사각형 모양의 타겟탑 가스 스토브(조리 기구가 불꽃에 직접 닿지 않도록 두꺼운 철판을 덧댄 가스 스토브-역주)다. 나는 가스 버너로 요리하는 것을 즐기지 않는데 생선 껍질을 바삭하게 익히려면 매우 강하고 안정적인 열이 필요할 뿐만 아니라 가스 버너의 경우 팬에서 기름이 튀면 불꽃이 치솟는 경우가 많기 때문이다.

그럼에도 불구하고 가스 버너를 사용해야 한다면 팬을 너무 기울여서는 안 된다. 비산되는 물방울이 기름과 만나게 되고 그로 인해 일어난 불꽃이 생선을 에워싸게 된다. 지속적이고도 안정적인 열은 바삭거리면서 광이 나는 껍질과 진주 빛깔의 새하얀 속살을 만드는 데 핵심적인 요소다. 온도의 통제야말로 완벽한 생선 조리의 핵심이라 할 수 있다.

# 뱅어 튀김

Fried Whitebait

'피시 부처리'에서 간단한 간식으로 즐겨 먹는 메뉴 중 하나다. 우리는 튀긴 뱅어를 튀김기에서 꺼낸 다음 군침 도는 불향을 입히고 바삭거림이 더 오래 지속되도록 숯불 그릴에 굽는다. 과정이 복잡해보여도 실제 조리 과정은 매우 단순하다. 비늘과 아가미에 눈에 잘 띄지 않는 모래가 남아 있을 수 있으므로 차려 내기 전에 한 번 더 확인하자.

## 4인분

튀김용 카놀라 오일 또는 포도씨 오일 2L
모래를 제거한 뱅어 480g
고운 쌀가루 200g
굵은 천일염
흑후추 가루 1 1/2작은술
쓰촨 페퍼 가루 1/2작은술
주니퍼베리 가루 1/8작은술

커다란 소스 팬에 기름을 붓고 중강 불에서 180°C까지 가열한다.

숯불 바비큐 구이기 또는 가스 바비큐 구이기가 있다면 다음 조리 과정에서 사용하도록 하자. 이 조리 기법은 선택 사항이긴 하지만 뱅어의 풍미가 훨씬 좋아진다. 바비큐 구이기에 불을 붙이자.

절반 분량의 뱅어를 눈이 굵은 체에 놓고 표면에 살짝 입혀질 정도의 쌀가루를 뿌린다. 체를 흔들어서 여분의 쌀가루를 털어 내고 나머지 절반의 뱅어도 쌀가루를 입힌다. 뜨겁게 달궈진 튀김 기름에 뱅어를 한 번에 조금씩만 넣어 45초간 튀긴 다음 종이 타월에 건져 낸다. 소금으로 간을 한다. 이 과정을 반복해서 뱅어를 전부 튀긴 다음 받침 망에 깔아 놓는다. 이 받침 망을 구이기의 가장 뜨거운 곳에 올리고 뱅어의 표면이 고르게 그슬려 색이 날 수 있도록 스푼으로 뒤집어 준다.

뱅어를 볼에 옮겨 담고 기호에 맞게 후추, 쓰촨 페퍼, 주니퍼베리 가루를 입힌다. 만찬 전에 또는 안주로 먹을 수 있도록 마요네즈, 젠들맨 렐리시(Gentleman's relish: 주로 영국인들이 즐겨 먹는 앤초비 페이스트), 레몬 조각과 함께 차려 낸다.

**대체 생선**
앤초비 Anchovies
정어리 Pilchards
멸치 Sprats

# 피시 앤 칩스

Fish & Chips

---

이 레시피는 도전을 마다하지 않는 가정에서 즐기는 요리들, 그중에서도 가장 유명한 생선 요리를 나만의 방식으로 재해석한 것이다.
영국 브레이에 있는 헤스턴 블루먼솔의 레스토랑인 팻덕에서 견습생으로 있을 때 이런 스타일의 튀김 옷을 접하게 되었고 그때 이후로
내게 최고의 튀김 옷이 되었다. 나는 이 레시피에는 더 강렬한 인상을 줄 수 있도록 전통적으로 사용하는 필렛 대신 펼쳐서 포를 뜬
노란눈숭어를 선택했는데 숭어에 함유된 천연 오일은 살을 더 촉촉하고 맛있게 유지시켜 준다.

**NOTE :** 이 방식으로 칩을 만들려면 4일 전에 시작해야 한다.

## 4인분

세바고sebago, 킹 에드워드King Edward, 러셋
   버뱅크Russet burbank 품종의 껍질을 벗기지
   않은 감자 3kg
소금
튀김용 면실유, 해바라기씨유 5L
껍질과 뼈를 제거하고 대가리와 꼬리는 남긴
   채 펼쳐서 포를 뜬 노란 눈 숭어, 수염대구,
   해덕 대구, 북대서양 대구 4미.
자가 팽창 밀가루 215g
쌀가루 400g, 흩뿌려줄 추가 분량
베이킹 파우더 2작은술
꿀 2큰술
보드카(37도) 345ml
맥주 550ml

감자를 검지 손가락 너비 정도의 긴 막대 모양으로 자른 다음 차가운 물에 하룻밤 담가 둔다.

다음날, 감자를 건져서 바닥이 두꺼운 커다란 육수 냄비에 옮겨 담는다. 차가운 물을 붓고 소금으로 간을 한다.
끓을 때까지 가열한 다음 감자가 형태는 유지하면서 쉽게 부러질 때까지 10분간 익힌다. 감자를 조심스럽게
들어 받침 망에 올려서 그대로 냉장고에 넣고 하룻밤 말린다.

다음날, 튀김기 또는 큼직한 소스 팬에 기름을 붓고 140℃까지 가열한다. 감자를 넣고 표면 전체에 기포가 생길
때까지 5분간 튀긴다. 건져서 식힌 다음 다시 냉장고에서 하룻밤 말린다.

다음날, 만돌린으로 생선 필렛의 두께가 일정해지도록 두꺼운 부분을 저미면서 깎아 내고 밀가루와 튀김옷을
묻힐 때까지 종이 타월에 올려서 준비해 둔다.

튀김옷을 만든다. 먼저 커다란 볼에 밀가루와 베이킹 파우더를 넣고 잘 섞어 둔다. 꿀과 보드카를 섞은 다음
밀가루 믹스에 붓는다. 맥주를 붓고 휘저어 섞는다. 사용할 때까지 차게 보관한다.

냄비에 기름을 붓고 180℃까지 가열한다. 미리 익혀 둔 감자를 노릇한 색이 나고 매우 바삭해질 때까지
5~6분간 튀긴다. 기름을 잘 뺀 다음 소금으로 간을 한다.

먼저 생선에 쌀가루를 살짝 뿌려 입힌 다음 튀김옷을 묻히고 뜨겁게 달궈진 기름에 주의해서 넣는다. 아주
바삭해질 때까지 2분간 튀긴다. 생선에 고른 색이 날 수 있도록 중간에 한 번 뒤집어주면 좋다. 건져서 트레이에
받침 망을 놓고 그 위에 튀김을 건져 올려서 기름을 뺀다.

생선과 감자칩을 선호하는 양념, 녹색 잎 샐러드, 차가운 맥주(또는 콤부차)와 함께 즉시 차려 낸다.

**대체 생선**
꼬마달재Gurnard
해덕 대구Haddock
수염대구Ling

# 버터밀크를 묻혀 튀긴 푸른 눈 트레발라

**Buttermilk Fried Blue-Eye Trevalla**

나는 굉장히 인기있는 음식인 버터 밀크 프라이드 치킨에서 영감을 얻어 생선으로도 비슷한 시도를 해볼 수 있겠다고 생각했다. 수많은 시행착오를 거치면서 결국 이 조리법에 안착했는데 그 결과, 겉에는 놀랍도록 가볍고 바삭한 외피가, 속에는 보드랍고 즙이 많은 살이 있는 튀김이 완성됐다.

큼직한 달고기, 도미류도 잘 어울리지만 대구, 푸른 눈 트레발라는 살에 즙이 매우 많아 이런 류의 요리에 매우 잘 어울리는 생선이다. 차가운 맥주 또는 맛있는 코울슬로와 함께 식빵 사이에 넣어 먹으면 가장 맛있게 즐길 수 있다.

## 6인분

껍질을 그대로 둔 채 뼈 있는 갈비 모양으로 토막 낸 푸른눈트레발라(또는 달고기, 능성어, 꼬마달재, 넙치, 도다리)
타피오카 전분 500g
튀김용 카놀라 또는 면실유

### 시즈닝 믹스

수막(sumac: 중동 지역의 옻나무-역주) 가루 50g
훈제 파프리카 50g
갓 갈아 놓은 흑후추 50g
갓 갈아 놓은 코리앤더 씨앗 50g
고운 천일염 200g

### 마리네이드

버터밀크 300ml
큐피 마요네즈(일본산 마요네즈) 500ml
디종 머스터드 1큰술
화이트와인 비니거 80ml

볼에 모든 시즈닝 믹스 재료를 넣고 잘 섞어서 사용할 때까지 밀폐 용기에 담아 보관한다.

커다란 볼에 모든 마리네이드 재료를 넣고 섞는다. 베이킹 트레이에 생선 토막을 배열해 놓고 마리네이드를 붓는다. 일회용 장갑을 착용하고 마리네이드가 생선에 골고루 잘 입혀지도록 문질러 바른다. 그 상태로 냉장고에 4~6시간 넣어 둔다.

생선 표면에 거친 튀김옷이 입혀질 정도로 타피오카 전분을 바른 다음 그 상태로 냉장고에 하룻밤 넣어 둔다.

다음날, 튀기기 1시간 전에 생선을 냉장고에서 꺼낸다. 튀김기 또는 바닥이 두꺼운 소스 팬에 기름을 붓고 190°C까지 가열한 다음 생선의 심부 온도가 58°C가 될 때까지 4~5분간 튀긴다. 베이킹 트레이에 받침 망을 놓고 생선을 건져 4분간 기름을 뺀다.

시즈닝 믹스를 골고루 뿌려 간을 하고 레몬 또는 선호하는 양념류와 함께 차려 낸다.

### 대체 생선

민대구 Hake
만새기 Mani-mani
농어 Sea bass

# 빵가루를 입혀 튀긴 동갈치, 요거트 타르타르와 허브 샐러드

Crumbed Garfish, Yoghurt Tartare & Herb Salad

나는 빵가루를 입혀 튀긴 생선을 정말 좋아한다(어릴 때 피시 핑거와 으깬 감자를 먹고 자란 탓도 있으리라 생각한다). 이런 요리의 매력 중 하나는 이름 모를 흰살생선에 한정되지 않고 펼쳐서 포를 뜬 동갈치로 깜짝 놀랄 만큼 화려하게도 연출할 수 있다는 것이다. 튀기지 말고 반드시 달궈진 팬에 기ghee를 녹여 지져야 한다.

## 4인분

비늘, 내장, 아가미를 제거하고 역방향으로
　　펼쳐 포를 뜬(55쪽 참조) 동갈치 200g짜리
　　4미
다목적 밀가루 150g
살짝 휘저어 놓은 달걀 노른자 4개
흰 빵가루 120g
기ghee 400g
굵은 천일염 갓 갈아 놓은 백후추/흑후추
레몬 조각(웨지)

### 요거트 타르타르 소스

천연 요거트 375g
다진 프렌치 샬롯 3개
헹궈서 물기를 제거한 다음 잘게 다진 염장
　　케이퍼 1큰술
굵직하게 다진 코니숑 60g
가늘게 슬라이스한 이탈리아 파슬리 2큰술

### 허브 샐러드

소금 1자밤
매우 고운 설탕 1작은술
링 모양으로 가늘게 슬라이스한 프렌치 샬롯
　　6개
엑스트라 버진 올리브 오일 140ml
샤르도네 비니거 또는 설탕 1자밤을 넣은
　　화이트와인 비니거 50ml
잎만 뜯어 놓은 이탈리아 파슬리, 딜, 처빌,
　　프렌치 타라곤 각 1다발
물냉이 잎 30g
야생 로켓(아르굴라) 잎 35g
한 입 조각으로 뜯어 놓은 버터 레터스 2개

타르타르 소스의 모든 재료를 볼에 넣고 잘 섞어서 한쪽에 둔다.

오븐을 100℃로 예열한다.

세 개의 용기에 각각 밀가루, 달걀, 빵가루를 담아 순서대로 배열한다. 생선 꼬리를 쥐고 밀가루를 묻힌다. 이어서 달걀을 묻힌 다음 빵가루를 담은 용기에 넣고 빵가루가 생선에 골고루 입혀지도록 살짝 눌러주면서 묻힌다. 베이킹 트레이에 놓고 나머지 생선으로 이 과정을 반복한다.

커다란 프라이팬에 기ghee 1/3을 넣고 센불로 가열한다. 뜨겁게 달궈지면 생선 두 마리를 넣고 바삭거리면서 노릇한 색이 날 때까지 2분간 지진 다음 뒤집어서 지진다. 베이킹 트레이에 담아 오븐에 넣고 따뜻하게 보관한다. 프라이팬을 닦아 낸 다음 나머지 기ghee와 생선으로 이 과정을 반복한다.

샐러드를 만든다. 볼에 소금, 설탕, 샬롯을 넣고 섞는다. 10분 정도 그대로 둔 다음 올리브 오일과 비니거를 넣고 섞는다. 다른 볼에 허브, 물냉이, 로켓, 레터스를 넣고 혼합한 다음 모든 잎에 살짝 입혀질 정도의 드레싱을 넣고 잘 버무린다(남은 드레싱은 밀폐 용기에 담아 냉장고에 넣어 두면 일주일 정도 보관할 수 있다).

생선 튀김은 기호에 맞게 간을 하고 레몬 조각, 듬뿍 떠서 올린 타르타르 소스, 허브 샐러드와 함께 차려 낸다.

## 대체 생선

청어Herring
숭어Mullet
명태Whiting

# 빵가루를 입혀 튀긴 정어리 샌드위치

Crumbed Sardine Sandwich

부드러운 흰 식빵에 빵가루를 입혀 튀긴 정어리를 넣은 샌드위치. 그 누가 좋아하지 않을까? 튀기는 것이 아니라 프라이팬에 기ghee를 녹여 지지는 것이 중요한데 풍미가 월등할 뿐만 아니라 조리 온도 또한 조절하기 쉽다. 요거트 타르타르 소스(144쪽 참조)는 기호에 따라 핫소스 또는 마요네즈로 대체할 수 있다. 이 샌드위치는 변형이 가능해서 청어, 명태, 도미, 양태와 같은 다양한 어종과도 완벽하게 어울린다.

## 2인분

다목적 밀가루 150g
살짝 휘저어 놓은 달걀 노른자 4개
흰 빵가루 120g
비늘과 내장을 제거하고 펼쳐서 포를 뜬
　정어리 60g짜리 8개
기ghee 70g
굵은 천일염, 갓 부숴 놓은 흑후추
부드러운 흰 식빵 4장
요거트 타르타르 소스(144쪽 참조) 100g

정어리 꼬리에는 빵가루가 묻지 않도록 유의하면서 밀가루, 달걀, 빵가루 순으로 묻힌다.

프라이팬에 기를 넣고 센불로 가열한 다음 분량의 빵가루를 입힌 정어리를 넣고 바삭거리면서 노릇한 색이 날 때까지 1분간 지지고 뒤집어서 10~20초 더 지진다. 팬에서 건져 낸 다음 기호에 맞게 간을 한다.

식빵의 크러스트를 잘라 낸 다음 식빵 두 장의 가장자리까지 소스를 펴 바른다. 그 위에 정어리를 4마리씩 올린다. 남은 소스를 그 위에 올리고 식빵을 덮는다.

노릇하게 익은 정어리가 식빵 가장자리에서 살짝 튀어 나오고 한쪽 끝에는 꼬리가 약간 보이도록 담아 차려 낸다.

**대체 생선**
앤초비Anchovies
청어Herring
명태Whiting

# 생선 목덜미 살 커틀릿

**Fish Collar Cutlet**

여러 종의 생선을 접하면서, 이들의 목덜미 살에서 얼마나 많은 살점이 나오는지 알면 알수록 정말 놀라울 따름이다. 이 레시피에서는 펜넬 마요네즈를 곁들였지만(허브 샐러드나 피클도 잘 어울릴 거라 생각한다) 전통적으로 돼지고기 또는 닭고기 커틀릿과 짝을 이루던 가니시들도 이 요리와 완벽하게 어울린다.

## 4인분

황적퉁돔 목덜미 살 4장
펜넬 씨앗 2큰술
흰 빵가루 120g
다목적 밀가루 150g
풀어 놓은 달걀 4개
기ghee 80g
굵은 천일염, 갓 부숴 놓은 흑후추

---

## 펜넬 마요네즈(선택 사항)

달걀 노른자 2개
디종 머스터드 1/2큰술
화이트와인 비니거 2작은술
고운 소금
포도씨 오일 250ml
레몬 1/2개 분량의 레몬즙
펜넬 꽃가루, 셀러리 씨앗 또는 펜넬 가루
　1큰술

마요네즈를 먼저 만든다. 볼이 흔들리지 않도록 냄비에 행주를 걸쳐 놓고 그 위에 볼을 올려 놓는다. 볼에 달걀 노른자, 머스터드, 비니거, 소금을 넣고 거품기로 휘저어 섞는다. 오일을 천천히 떨어뜨리면서 계속 휘저어 걸쭉한 유화상태를 만든다. 간을 보고 소금, 레몬즙, 펜넬 꽃가루를 넣어 맛을 낸다. 부드럽게 휘핑된 크림과 같은 농도가 나야 한다. 필요시 약간의 따뜻한 물로 농도를 조절한다.

도마 위에 목덜미 살을 껍질이 아래로 향하도록 놓고 짧고 날카로운 칼로 뼈를 발라 낸다. 손가락으로 만져 뼈의 윤곽을 느낀 다음 칼날을 뼈에 최대한 가깝게 대고 잘라내면 된다. 돌기가 굵은 고기 망치로 두드려 커틀릿 또는 돼지 갈비 모양으로 만든다.

펜넬 씨앗을 빵가루에 넣어 섞는다. 목덜미 살에 밀가루를 뿌려 묻히고 달걀, 빵가루 순으로 입힌다. 날개 지느러미에는 빵가루를 묻히지 않도록 하자.

센불로 프라이팬을 달군 다음 기를 넣고 연기가 살짝 올라올 때까지 그대로 둔다. 커틀릿 두 개를 넣고 양면이 노릇해질 때까지 한 면당 1분 30초 정도 익힌다. 종이 타월에 올려 기름을 뺀 다음 간을 한다.

커틀릿을 통째 또는 몇 조각으로 썰어서 펜넬 마요네즈 또는 즙을 짜서 뿌릴 수 있도록 레몬 1/2개와 함께 차려 낸다.

**대체 생선**

도미Bream
적색퉁돔Red Snapper

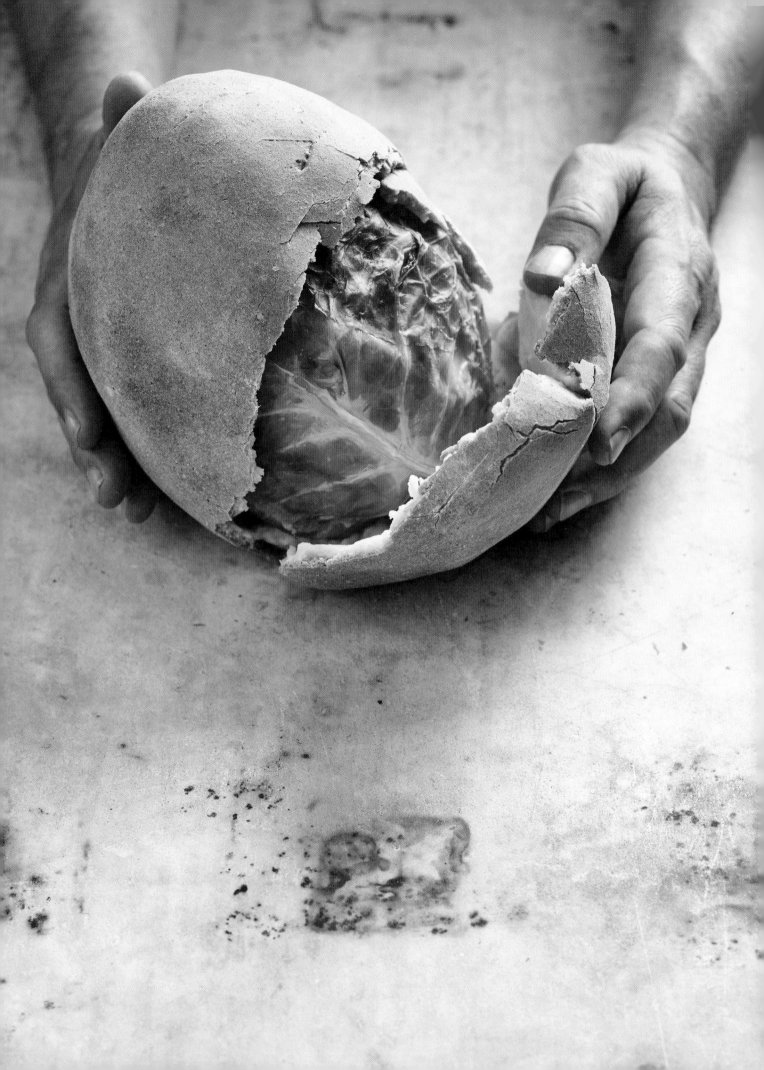

# 물릉돔, 소금 반죽으로 구운 슈거로프 양배추, 쐐기풀 소스
Jackass Morwong, Salt Roast Sugarloaf Cabbage & Nettle Sauce

맨 처음 이 심해 도미를 먹었을 때 그 맛은 믿을 수 없을 정도였다. 내게는 그 질감과 풍미가 호주 최고의 생선 중 하나인 줄무늬 취청이와 비슷하게 느껴졌다. 낚시로 잡은 질 좋은 생선의 껍질 아래에는 멋진 지방층이 자리 잡고 있으며 프라이팬이나 그릴에서 익히기에 아주 좋다. 쐐기풀과 양배추에 단맛이 돌면서 즙이 많아지고 생선에 지방이 축적되는 서늘한 계절에 즐기기 좋은 요리다.

## 4인분

껍질은 남기고 뼈를 제거한 물릉돔 175g짜리 4개
기ghee 200g
굵은 천일염

## 소금에 구운 양배추

다목적 밀가루 300g + 뿌려줄 추가분
고운 소금 210g
달걀 흰자 75g
물 150ml
큼직한 슈거로프(잎에 단맛이 나는 치커리 종류. 보통 잎을 뜯어서 사용-역주) 양배추 1통
레몬즙

## 쐐기풀 소스

물 1L
고운 소금 100g
쐐기풀 잎 400g
코니숑 또는 케이퍼 염지액 1큰술(상점에서 구매한 것)
앤초비 필렛 3장
큐브 모양으로 자른 차가운 버터 100g
굵은 천일염, 갓 부숴 놓은 흑후추
천연 요거트 2큰술

## 대체 생선

도미Bream
적색퉁돔Red snapper

생선의 표면에 수분이 있다면 받침 망에 껍질이 위로 향하도록 올려 놓고 2시간 정도 차가운 곳에 보관한 다음 팬에 지진다.

숯불 바비큐 구이기 또는 가스 바비큐 구이기가 있다면 아래에 나오는 두 번째 단계부터 사용하면 된다. 바비큐 구이기에 불을 붙이자.

양배추를 굽기 위해 오븐을 180°C로 예열한다.

스탠드 믹서에 도우 후크를 장착한 다음 믹싱볼에 밀가루, 소금, 달걀 흰자, 물을 넣고 단단한 반죽이 만들어질 때까지 저속으로 5분 정도 작동시킨다. 밀가루를 뿌린 작업대에 반죽을 꺼낸 다음 손으로 치대어 공 모양으로 만든다. 비닐 랩을 씌워서 1시간 정도 휴지시킨다.

양배추를 살짝 헹군 다음 소금 반죽의 비닐 랩을 벗기고 3mm 두께로 밀어 편다. 양배추 위에 반죽을 덮어서 완전히 감싸서 여민다. 유산지를 깐 베이킹 트레이에 양배추를 올려 오븐에 넣고 반죽이 진한 캐러멜 색이 나면서 양배추가 매우 부드러워질 때까지 6시간 정도 굽는다. 반죽을 깨트리기 전까지 20분간 휴지시킨다.

소스를 만든다. 뚜껑이 있는 냄비에 소스, 물과 소금을 넣고 끓을 때까지 가열한다. 쐐기풀을 넣고 완전히 잠기도록 휘저어 준다. 뚜껑을 덮고 30초간 익힌 다음 건져서 깨끗한 행주 사이에 넣고 물기를 짜낸다.

얼음물을 가득 채운 볼을 준비한다. 블렌더에 케이퍼 염지액, 앤초비, 쐐기풀을 넣고 퓌레 상태가 되도록 1분간 갈아준다. 버터를 넣고 유화될 때까지 갈아준다. 이렇게 만든 소스는 점성이 있으면서 윤기가 나야 한다.

쐐기풀 퓌레를 볼에 붓고 그 볼을 얼음물이 담긴 볼에 올린다. 완전히 식을 때까지 저어준다. 사용할 때까지 냉장고에 보관한다. 케이퍼 염지액 속의 산 성분 때문에 시간이 흐르면서 색이 변한다. 오래 보관해야 한다면 케이퍼 염지액을 맨 마지막 단계에 넣어 간을 맞춰도 된다.

생선을 조리한다. 주물 팬 또는 프라이팬을 센불로 가열한다. 기ghee 60g을 넣고 연기가 살짝 올라올 때까지 기다린다. 필렛 2장을 서로 붙지 않도록 넣고 가장 두꺼운 부분 위에 생선 누르개를 올린다. 1분 정도 지나 생선 가장자리에 색이 나기 시작하면 팬의 빈자리로 생선을 옮긴다. 누르개가 생선 전체를 덮을 수 있도록 팬 가운데로 옮긴다. 다시 1분 뒤에 누르개를 꺼낸 다음 팬에 남아 있는 기를 버리고 기 40g을 다시 보충해 넣는다. 필렛을 만졌을 때 차가우면 그 위에 누르개를 1~2분 정도 올려 둔다. 생선이 약 75% 정도 익어서 필렛의 맨 윗부분이 따뜻하고 껍질이 바삭거리면 팬에서 꺼낸 다음 받침 망에 껍질이 아래로 향하도록 옮긴다.

이 두 번째 단계는 필수적이진 않지만 껍질을 더 바삭하게 만든다. 집게로 필렛을 집어 그릴의 적당히 달궈진 쪽에 껍질이 아래로 향하도록 놓고 껍질을 색을 계속 확인하면서 굽는다.

쐐기풀 소스를 데운 다음 간을 하고 스푼으로 떠서 따뜻한 접시 가운데에 올린다. 요거트를 떠서 소스에 올려 놓는다. 구운 양배추의 반죽 껍질을 스푼이나 스쿠프 뒷면으로 깨뜨린 다음 양배추를 꺼내 접시에 올려 놓고 생선을 올린다. 껍질 쪽에 소금을 뿌려 간을 한다. 즉시 차려 낸다.

사진은 앞 쪽에.

# 무늬바리와 대가리, 근대 말이와 그린 가디스 드레싱

Coral Trout & its Head, Rolled Silver beet & Green Goddess

무늬바리는 호주에서 가장 맛있는 생선 중 하나이며 이 책에서는 다양한 부위로 여러 층위의 요리를 만드는 데 사용되고 있다.
잿방어Amberjack, 삼손Samson, 만새기Mahi-mahi 또한 이 요리에 최적인 대체 어종들이다.

## 2인분

껍질을 그대로 둔 채 뼈를 제거한 무늬바리
    필렛 150g짜리 2개
기ghee 100g
무늬바리 턱살 2장
굵은 천일염
레몬 1/4개 분량의 즙

### 그린 가디스 드레싱

물 1L
고운 소금 100g
이탈리아 파슬리 100g
타라곤 잎 50g
딜 잎 50g
차이브 1다발
케이퍼 염지액 50ml
앤초비 필렛 3장
사워크림 100g
굵은 천일염
설탕 1자밤

### 근대 말이

무늬바리 목덜미 살 2장
기ghee 40g
버주스 드레싱에 졸인 무늬바리 목살
    1장(90쪽 참조)
굵은 천일염, 갓 부숴 놓은 흑후추
줄기를 제거하고 잎만 남긴 근대(스위스 샤드)
    1다발
레몬 1/4개 분량의 즙
잘게 다진 차이브 1큰술

그린 가디스 드레싱을 만든다. 큰 냄비에 소금물을 넣고 팔팔 끓인다. 허브를 넣고 푹 잠기도록 저어준 다음 뚜껑을 덮고 30초간 삶는다. 허브를 건져 낸 다음 깨끗한 타월(행주)로 눌러 수분을 완전히 짜낸다.

얼음물을 채운 볼을 준비한다. 블렌더에 케이퍼 염지액, 앤초비, 허브를 넣고 2분간 갈아 퓌레를 만든다. 볼에 옮겨 담은 후에 얼음물 볼에 올려 놓고 차게 식을 때까지 휘저어 준다. 퓌레를 다시 블렌더에 넣고 사워크림과 함께 갈아준다. 소금과 설탕으로 간을 한 다음 차게 식힌다. 케이퍼 염지액 속의 산 성분 때문에 시간이 흐르면서 색이 변한다. 오래 보관해야 한다면 케이퍼 염지액을 맨 마지막 단계에 넣어 간을 맞춰도 된다.

숯불 바비큐 구이기 또는 작은 가스 바비큐 구이기가 있다면 아래에 나오는 두 번째 단계부터 사용하면 된다. 바비큐 구이기에 불을 붙이자.

목덜미 살에 기를 약간 바르고 소금으로 간을 한다. 살이 반투명해지면서 껍질에 기포가 올라올 때까지 5분간 굽는다. 잠시 그대로 둔 다음 손으로 만질 수 있을 정도로 식으면 연골과 뼈에서 살을 떼어 낸 다음 목덜미 살과 함께 담아둔다.

필렛을 익힌다. 무쇠 스킬렛 또는 프라이팬을 센불로 달군 다음 기ghee 60g을 넣고 연기가 살짝 올라올 때까지 기다린다. 필렛 2장을 서로 붙지 않도록 넣고 가장 두꺼운 부분 위에 생선 누르개를 올린다. 2분 정도 지나 생선 가장자리에 색이 나기 시작하면 팬의 빈자리로 생선을 옮긴다. 누르개가 생선 전체를 덮을 수 있도록 팬 가운데로 옮긴다. 다시 1분 뒤에 누르개를 꺼낸 다음 팬에 남아 있는 기를 버리고 기 40g을 다시 보충해 넣는다. 필렛을 만졌을 때 차가우면 그 위에 누르개를 1~2분 정도 올려 둔다. 생선이 약 75% 정도 익어서 필렛의 맨 윗부분이 따뜻하고 껍질이 바삭거리면 팬에서 꺼낸 다음 받침 망에 껍질이 아래로 향하도록 옮긴다.

이 두 번째 단계는 필수적이진 않지만 껍질을 더 바삭하게 만든다. 집게로 필렛을 집어 그릴의 적당히 달궈진 쪽에 껍질이 아래로 향하도록 놓고 껍질의 색을 계속 확인하면서 굽는다.

턱살에 기를 바르고 소금으로 간을 한다. 중불에 구워 완전히 익힌다. 살은 반투명한 상태라야 한다. 소금과 레몬즙으로 간을 한다.

근대 말이를 만든다. 생선을 구운 팬에 기를 넣어 녹인 다음 근대 잎 조각들을 팬 바닥이 덮이도록 깔아준다. 그 위에 생선 누르개를 올리고 2분간 익힌다. 생선 누르개를 제거한 다음 목살, 목덜미 살 조각을 넣고 돌돌 말아준다. 소금, 후추, 레몬즙으로 간을 한다.

차려 낼 때는 접시 한가운데에 그린 가디스 드레싱 2큰술을 떠서 놓고 그 위에 필렛을 올린다. 근대 말이와 턱살 구이를 놓고 근대 말이 위에 차이브를 뿌린다.

## 대체 생선
잿방어Amberjack
만새기Mahi-mahi
삼손Samson

사진은 155쪽에

# 스페인 고등어, 가지 내장 XO

Spanish Mackerel & Eggplant Offal XO

이 레시피의 가지는 XO소스가 어마어마한 감칠맛을 보태어 그 자체로 하나의 요리일 뿐만 아니라 비단결 같은 우아한 질감이 뚜렷한 대조를 이룬다. 최상의 상태일 때의 스페인 고등어는 감귤류의 품질에 필적하는 놀라운 천연 산 성분을 지니고 있기에 가지의 풍부한 맛에 밀리지 않고 조화를 이룬다. 이 맛있는 생선의 진정한 식감과 맛을 경험하려면 미디움보다 더 익히면 안 된다.

## 4인분

중간 크기의 가지 2개
엑스트라 버진 올리브 오일 100ml
천일염, 갓 부숴 놓은 흑후추
내장 XO 소스(66쪽 참조) 200g
기ghee 100g
스페인 고등어 필렛 300g짜리 2개
작은 잉글리시 시금치 또는 갯능쟁이 잎 200g
라임 1개 분량의 즙

오븐을 200°C로 예열한 다음 베이킹 트레이에 유산지를 깐다.

가지는 껍질을 벗기고 2.5~3cm 두께로 2등분하여 자른다. 올리브 오일을 바르고 소금으로 아주 약간만 간을 한 다음 준비된 베이킹 트레이에 배열해서 깐다. 그 위에 유산지를 덮고 오븐에 넣어 가지가 물러질 때까지 12~15분 정도 굽는다. 완전히 식힌다.

각각의 가지 위에 XO 소스를 50g씩 떠서 올린 다음 샐러맨더 또는 오븐 그릴에 구워 크러스트를 만든다. 따뜻하게 보관한다.

센불에 주물 팬 또는 프라이팬을 달군다. 기 60g을 넣고 연기가 살짝 올라올 때까지 기다린다. 필렛 2장을 서로 붙지 않도록 넣고 가장 두꺼운 부분 위에 생선 누르개를 올린다. 1분 정도 지나 생선 가장자리에 색이 나기 시작하면 팬의 빈자리로 생선을 옮긴다. 누르개가 생선 전체를 덮을 수 있도록 팬 가운데로 옮긴다. 다시 3분 뒤에 누르개를 꺼낸 다음 팬에 남아 있는 기를 버리고 기 40g을 다시 보충해 넣는다. 필렛을 만졌을 때 차가우면 두께에 따라 그 위에 누르개를 2분 정도 올려 둔다. 생선이 약 75% 정도 익어서 필렛의 맨 윗부분이 따뜻하고 껍질이 바삭거리면 팬에서 꺼낸 다음 뒤집어서 10초 정도 그대로 뒀다가 접시에 옮겨 담고 휴지시킨다.

기가 남아 있는 생선을 구운 팬에 시금치를 넣고 스푼으로 기와 함께 버무리면서 숨을 죽인다. 약간의 소금, 후추, 라임즙으로 간을 한다.

도마에 생선 껍질이 아래로 향하도록 놓고 날카로운 칼로 필렛을 반으로 가른다. 각각의 접시에 한쪽 절반을 올려 놓는다. 가지를 반으로 접어 고등어 옆에 놓는다. 시금치를 고등어와 가지 사이에 끼워 넣는다. 라임즙과 베이킹 트레이에 남아 있는 XO소스를 가지 위에 뿌린다. 차려 내기 전에 고등어 위에 소금을 뿌려 간을 한다.

## 대체 생선

대서양 청어Bugfish = Atlantic menhaden
고등어Mackerel
만새기Mahi-mahi

# 세줄 취청이, 송이 버섯, 파슬리, 마늘

Striped Trumpeter, Pine Mushrooms, Parsley & Garlic

세줄 취청이는 완벽한 균형을 이룬 특유의 단맛과 감칠맛 때문에 내가 꼽는 세계의 3대 맛있는 생선 중 하나다. 이 생선은 완두콩, 펜넬, 향긋한 허브 등을 가니시로 선택해 생선 고유의 단맛을 지향하는 쪽으로 구성할 수 있다. 혹은 이 레시피에 나오는 것처럼 우엉, 아티초크, 비트 또는 버섯 등 좀 더 강한 풍미의 작물을 사용하는 것도 고려해 볼 만하다.

## 4인분

마늘 200g
매우 고운 설탕 50g
가염 버터 150g
토종 타임 또는 레몬 타임 잎 1/2작은술
물 150ml
기ghee 220g
갓 아래 주름을 긁어 낸 다음 두툼하게
　슬라이스한 송이 버섯, 샹트렐 또는 들사리
　버섯 300g
갈색 생선 육수(67쪽 참조) 100ml
굵은 천일염과 갓 부숴 놓은 흑후추
레몬 1/2개 분량의 즙
잎만 뜯어 놓은 이탈리아 파슬리 1다발
껍질은 남긴 채 뼈를 제거한 세줄 취청이, 대구,
　도미, 퉁돔, 성대 포 180g짜리 4개

오븐을 200°C로 예열한다. 오븐 사용이 가능한 프라이팬에 마늘, 설탕, 버터 50g, 타임, 물을 넣고 끓을 때까지 가열한 다음 4분간 끓인다. 팬을 오븐에 넣어 물이 모두 증발하고 마늘이 물러져서 색이 나기 시작할 때까지 10분간 익힌다. 팬을 꺼낸 다음 스토브에 올려서 다시 중불로 5분간 익힌다. 마늘은 물컹하고 끈적거리면서 달콤한 맛이 나야 한다. 한쪽에 둔다.

커다란 프라이팬에 기ghee 120g을 넣고 센불로 가열한다. 버섯을 넣고 약간의 소금으로 간을 한 다음 색이 나면서 숨이 죽기 시작할 때까지 2분간 볶는다. 캐러멜화된 마늘을 원하는 만큼 넣고 육수, 남은 분량의 버터를 넣은 다음 뭉근하게 끓여서 걸쭉한 상태가 될 때까지 졸인다. 맛을 보고 소금, 레몬즙, 파슬리, 후추로 간을 조절한 다음 30초간 더 끓인다. 따뜻하게 데운 접시에 버섯과 소스를 떠서 담고 따뜻하게 보관한다.

주물 팬 또는 프라이팬을 센불로 달군 다음 기 60g을 넣고 연기가 살짝 올라올 때까지 기다린다. 필렛 2장을 서로 붙지 않도록 넣고 가장 두꺼운 부분 위에 생선 누르개를 올린다. 1분 정도 지나 생선 가장자리에 색이 나기 시작하면 팬의 빈자리로 생선을 옮긴다. 누르개가 생선 전체를 덮을 수 있도록 팬 가운데로 옮긴다. 다시 3분 뒤에 누르개를 꺼낸 다음 팬에 남아 있는 기를 버리고 기 40g을 보충해 넣는다. 필렛을 만졌을 때 차가우면 두께에 따라 그 위에 누르개를 1~2분 정도 올려 둔다. 생선이 약 75% 정도 익어서 필렛의 맨 윗부분이 따뜻하고 껍질이 바삭거리면 버섯 위에 배열해서 올린다. 나머지 포도 같은 방식으로 익힌다. 껍질에 소금으로 간을 한 다음 차려 낸다.

## 대체 생선

민대구Hake
달고기John dory
넙치Turbot

# 달고기 간 파테

John Dory Liver Pâté

파테는 생선 간으로 꼭 만들어 보고 싶었던 요리다. 한겨울이 되면 영양분이 축적된 살찐 생선의 간을 쉽게 구할 수 있다. 내장을 취급하고 요리할 때는 위생에 세심한 주의를 기울여야 한다. 모든 간이 파테에 적합한 것은 아니므로 제철이라 하더라도 홍바리, 달고기, 거울 도리, 부시리의 과하게 단단한 간은 주의해야 한다. 이 요리는 브리오슈 토스트와 과일 처트니를 곁들이면 가장 맛있게 먹을 수 있다.

## 4인분

화이트와인 비니거 2+1/2큰술
화이트와인 2+1/2큰술
가늘게 슬라이스한 프렌치 샬롯 6개
타임 잎 1/2작은술
기ghee 2+1/2큰술
손질한 달고기 간 300g
부드러운 상태의 버터 129g
굵은 천일염, 갓 부숴 놓은 흑후추

작은 냄비에 비니거, 샬롯, 타임을 넣고 시럽 상태로 졸아들 때까지 중불로 5분간 가열한다.

프라이팬에 기를 넣고 연기가 살짝 올라올 때까지 가열한다. 간을 넣고 모든 면이 골고루 캐러멜화 되도록 총 1분간 지진다. 허브 시럽과 함께 블렌더에 넣고 덩어리 없이 부드러운 상태가 될 때까지 2분간 갈아준다.

얼음물을 채운 볼을 준비한다. 블렌더로 갈아 놓은 간을 스크래퍼로 남김 없이 긁어 눈이 고운 체에 내려서 볼에 담는다. 이 볼을 얼음물을 담아 놓은 볼에 올려 살짝 식힌다.

거품기를 장착한 스탠드 믹서에 버터를 넣고 흰색이 나면서 부피가 두 배가 될 때까지 작동시킨다. 전동 거품기를 사용해도 된다. 이 버터에 차가운 파테를 넣고 매끈한 상태가 될 때까지 믹서를 2분간 작동시킨다. 맛있게 간을 하고 1시간 정도 식힌 다음 차려 낸다.

**대체 생선**
푸른 눈 트레발라Blue-eye trevalla
민대구Hake
아귀Monkfish

# 홍바리 간과 파슬리를 올린 토스트

Bar Cod & Parsley on Toast

이 요리는 내가 가장 즐겨 먹기도 하고 조리 과정 자체를 즐기는 요리이기도 하다. 익은 듯 만 듯한 파슬리가 내뿜는 산뜻한 미네랄 향과 센불에 살짝 지진 대구 간의 독특한 조합은 저평가되는 재료를 돋보이게 하는 나만의 멋진 방식이기도 하다.

## 1인분

기ghee 90g
홍바리 간 200g
쌀가루 1큰술
이탈리아 파슬리 잎 30g
굵은 천일염, 갓 부숴 놓은 흑후추
레몬 1/4개 분량의 즙
1cm 두께의 사워도우 흰 식빵 2장

주물 팬 또는 프라이팬에 기 30g을 넣고 센불로 가열한다.

홍바리 간에 쌀가루를 뿌리고 여분은 털어 낸다. 두께에 따라 2분 30초에서 3분간 팬에 지진다. 겉은 노릇한 색이 나면서 속은 분홍색이어야 한다. 잘 익은 간을 팬에서 꺼낸 다음 같은 팬에 파슬리를 넣고 소금, 레몬즙으로 간을하고 15초간 재빨리 버무린다. 지져 놓은 간 위에 올린다.

같은 팬에 기 60g을 넣고 가열한 다음 빵을 넣고 그 위에 생선 누르개를 올려서 노릇한 색이 날 때까지 약 1분간 굽는다. 누르개를 꺼내고 빵을 뒤집어서 다시 30초간 굽는다. 파슬리를 올린 간 옆에 놓아 둔다.

빵 위에 파슬리를 올리고 그 위에 푸짐하게 보이도록 4조각으로 슬라이스한 간을 올린다.

**대체 생선**

민대구Hake
달고기John doey
아귀Monkfish

# 황새치 베이컨과 달걀 잉글리시 머핀

Swordfish Bacon & Egg English Muffin

이 머핀은 '세인트 피터'의 주말 런치 메뉴에 자주 올라오는 아이템이다. 굳이 생선으로 만든 베이컨이라고 말하지 않는다면, 나는 이 메뉴가 돼지로 만든 베이컨 달걀 머핀과 대등한 위치에 올라서리라 믿어 의심치 않는다. 베이컨 대신 생선 소시지를 곁들인 머핀도 매우 맛있으며 167쪽에 있는 훈제 장어 해시 브라운도 이 브런치 메뉴에 기가 막히게 잘 어울린다.

## 4인분

기ghee 60g
가늘게 슬라이스한 훈제 황새치 베이컨(60쪽
　참조) 200g
달걀 4개
토마토 소스(케첩)
갓 부숴 놓은 흑후추

## 머핀

강력분 500g
소금 8g
우유 300ml
달걀 1개
부드러운 상태의 버터 30g
활성 드라이 이스트 6g
뿌려줄 밀가루(다목적)
뿌려줄 고운 세몰리나
기 120g

머핀을 만든다. 후크를 장착한 스탠드 믹서에 다목적 밀가루, 세몰리나, 기를 제외한 모든 재료를 넣고 중저속으로 10분간 혼합한다. 밀가루를 살짝 뿌린 작업대에 반죽을 옮겨서 공 모양으로 만든다. 기름을 바른 볼에 옮겨 담고 비닐 랩을 씌워서 부피가 두 배가 될 때까지 하룻밤 냉장고에 넣어 둔다.

다음날, 세몰리나를 뿌린 작업대에 반죽을 올려서 1.5cm 두께로 밀어 편 다음 달걀 링으로 둥글게 잘라 낸다. 작업대에 올린 그대로 비닐랩을 느슨하게 씌워서 10~15분간 발효시킨다.

오븐을 150℃로 예열한다. 프라이팬을 달군 다음 기를 약간 넣고 머핀을 굽는다. 기를 조금씩 추가해가면서 양쪽 면에 먹음직스러운 색이 날 때까지 2분간 굽는다. 오븐에 넣고 10분간 더 굽는다.

오븐의 온도를 180℃로 올린다. 오븐 사용이 가능한 프라이팬에 절반 분량의 기를 넣은 다음 베이컨을 넣고 바삭거리면서 노릇한 색이 날 때까지 4분간 굽는다. 팬에서 꺼낸 다음 따뜻하게 보관한다.

같은 팬에 나머지 기를 넣고 달걀 링으로 바닥면이 바삭거리면서 노릇한 색이 나도록 약 1분간 튀겨서 달걀 프라이를 만든다. 오븐에 넣어 1분간 더 익힌다.

머핀에 토마토 소스를 약간 떠서 올린 다음 베이컨과 달걀을 올리고 후추를 뿌린다.

맨 위에 덮어줄 머핀의 안쪽 면에 토마토 소스를 약간 발라서 올린 다음 차려 낸다.

# 호주식 아침식사
## Full Australian Breakfast

하루를 시작하기 위한 조금 더 건강한 방법

### 4인분

기ghee 120g
회색 유령 버섯 또는 제철 버섯 200g
굵은 천일염, 갓 부숴 놓은 흑후추
버터 50g
황새치 베이컨(60쪽 참조) 160g
생선 소시지(206쪽 참조) 4개
달걀 4개
1cm 두께로 슬라이스한 호밀 바게트 4장
엑스트라 버진 올리브 오일 100ml
파슬리 4줄기

### 장어 해시 브라운

껍질을 벗긴 데지레desiree 등의 분질 감자 6개
껍질과 뼈는 따로 남겨 둔 채 살만 포크로 잘게
  뜯어 놓은 훈제 장어 1/2미
다목적 밀가루 50g
소금 1+1/2작은술
매우 고운 설탕 1+1/2작은술
탈지분유 1큰술
달걀 2개
튀김용 카놀라 오일 1L

### 훈제 염통 베이크드 빈스

엑스트라 버진 올리브 오일 100ml
잘게 다진 적양파 1개
마이크로플레인에 갈아 놓은 마늘 1톨
씨를 제거한 홍고추 1/2개
훈제 파프리카 1/2작은술
토마토 파사타(passata: 수분이 적은 순수
  토마토 소스-역주) 350ml
삶아서 물기를 뺀 카넬리니 콩 400g
굵은 천일염, 갓 부숴 놓은 흑후추
마이크로플레인에 갈아 놓은 훈제 스페인
  고등어 염통 1개

해시 브라운을 만든다. 커다란 냄비에 감자, 장어의 껍질과 뼈를 넣고 물을 채운 다음 끓을 때까지 가열한다. 뚜껑을 덮고 5분간 삶는다. 건져 내어 식힌 다음 마이크로플레인으로 갈아 볼에 담고 나머지 재료와 혼합해서 110g 정도의 납작한 퍽puck 모양으로 만든다.

커다란 소스 팬에 튀김용 기름을 채우고 180°C가 될 때까지 중강불로 가열한다. 노릇한 색이 날 때까지 2~3분간 튀긴 다음 종이 타월에 건져 낸다. 소금으로 간을 한다.

베이크드 빈스를 만들기 위해 오븐을 180°C로 예열한다.

커다란 냄비에 올리브 오일을 두르고 가열한 다음 양파, 마늘, 고추, 훈제 파프리카를 넣고 양파가 물러지기 시작할 때까지 계속 저어주면서 5분간 익힌다. 약간의 물과 파사타, 물기를 뺀 콩을 넣는다. 소금으로 살짝 간을 한 다음 고등어 염통, 후추를 넣고 잘 섞는다. 끓을 때까지 가열한 다음 베이킹 그릇에 이 혼합물을 담아 오븐에 넣고 걸쭉해질 때까지 1시간 정도 졸인다. 따뜻하게 보관한다.

넓은 프라이팬에 기를 조금만 넣고 센불로 가열해서 연기가 살짝 올라올 때까지 기다린다. 버섯에 간을 약하게 해서 1분간 볶는다. 약간의 버터와 후추를 넣는다. 볼에 담아 따뜻하게 보관한다.

다른 프라이팬에 기를 조금 넣어서 중불로 가열한 다음 베이컨을 넣고 캐러멜화되면서 바삭거릴 때까지 3분간 볶는다. 따뜻하게 보관한다. 같은 방식으로 생선 소시지도 3~4분간 색이 나면서 바삭거릴 때까지 익힌 다음 따뜻하게 보관한다. 같은 팬에 달걀을 깨뜨려 넣고 선호하는 정도로 익혀서 따뜻하게 보관한다.

그릴 팬을 센불로 달군 다음 호밀빵에 오일을 발라서 바삭하게 굽는다. 이제 따뜻하게 데운 접시에 담고 그 위에 따뜻한 콩, 버섯, 소시지, 베이컨, 달걀, 장어 해시 브라운을 올리고 파슬리로 장식한다. 블러디 매리(보드카에 토마토 주스와 우스터셔 소스, 타바스코 등을 넣어 만든 칵테일-역주)와 함께 차려 낸다.

### 대체 생선

훈제 앤초비Smoked anchovies
훈제 정어리Smoked sardines
훈제 청어Smoked sprats(sprats : 작은 청어)

# 킹 조지 명태 키에프

KGW Kiev

치킨 키에프는 언제나 고급 저녁 식사로 여겨져 그리 자주 먹지는 않게 되었다. 우리는 어떻게 하면 이 요리의 테크닉을 생선에 적용할 수 있을지를 고민하다가 호주 최고의 식사용 생선인 킹 조지 명태King George Whiting를 선택하게 되었다. 레스토랑에서는 단백질을 결착하는 기능의 트랜스글루타미네이스transglutimate를 사용해서 뼈와 연골을 모두 제거한 생선 안에 버터를 넣었는데도 솔기 하나 없이 깔끔하게 마무리 지을 수 있었다. 현지 스타일을 재현하기 위해 튀기는 동안 이쑤시개로 생선을 여며 두었다. 버터를 채우기 전에 먼저 맛을 본 다음 간을 조절하고 기호에 맞게 버터의 양을 줄이거나 늘리면 된다.

## 4인분

뼈를 제거하고 펼쳐서 포를 뜬 킹 조지 명태
   또는 다른 명태 250g짜리 4개
다목적 밀가루 150g
살짝 풀어 놓은 달걀 4개
흰 빵가루 180g
튀김용 면실유 또는 해바라기씨 오일 2L
차려 낼 때 사용할 레몬 반 개, 녹색 잎 샐러드

## 마늘 버터

부드러운 상태의 가염 버터 60g
잘게 다진 이탈리아 파슬리 1큰술
잘게 다진 차이브 1큰술
마이크로플레인에 갈아 놓은 마늘 2톨

볼에 모든 마늘 버터 재료를 넣고 잘 섞은 다음 작업대에 비닐 랩을 깔고 그 위에 버터를 올려서 1cm 너비의 긴 원통 모양으로 돌돌 말아준다. 단단해 질 때까지 얼려서 같은 크기로 4등분한다.

생선 대가리가 몸 반대쪽으로 향하도록 놓고 얼린 버터를 생선 가운데에 놓은 다음 배를 당겨서 버터를 완전히 덮는다. 복강을 따라 이쑤시개 다섯 개를 꽂아 틈이 보이지 않도록 완전히 여민다. 대가리를 제외한 몸통 전체에 밀가루, 달걀, 빵가루 순으로 입힌다. 나머지 생선도 같은 방식으로 준비한다. 30분 정도 차갑게 보관한다.

크고 바닥이 두꺼운 소스 팬에 튀김용 기름을 붓고 180°C가 될 때까지 가열한다. 명태 두 마리를 넣고 4분간 튀긴다. 조심스럽게 건져 낸 다음 이쑤시개를 제거한다. 나머지 두 마리도 튀긴다.

레몬 1/2개와 선호하는 샐러드를 곁들여 통째로 차려 낸다.

## 대체 생선

청어Herring
숭어Mullet
다른 명태Other whiting

# 황새치 살팀보카

Swordfish Saltimbocca

(살팀보카: 이탈리아의 전통요리로 송아지 고기에 프로슈토를 감싸거나 올려 세이지 잎과 함께 꼬치로 고정한 다음 버터와 화이트 와인에 익힌 요리-역주)

고전 요리에 등장하는 세이지와 베이컨의 조합이 이 황새치 요리에도 그대로 적용되었다. 너무 오래 익히지 않도록 주의하고 레몬 조각(웨지) 또는 허브 샐러드와 말린 토마토를 곁들여 차려 내자.

## 4인분

큰직한 세이지 잎 12장
2cm 두께의 황새치 등살 스테이크 가운데
　　부분 160g짜리 2개
너비 1cm, 길이 15cm로 자른 황새치 베이컨
　　10조각, 100g
기$_{ghee}$ 60g

세이지 잎 여섯 장을 황새치 스테이크의 한쪽 면이 완전히 덮이도록 올린 다음 그 위에 베이컨 다섯 장을 일정한 간격이 유지되도록 걸쳐 놓는다. 황새치 둘레로 베이컨을 접어서 이쑤시개로 고정한다. 다른 황새치 조각도 같은 방식으로 준비한다.

프라이팬에 기를 넣고 중불로 가열한 다음 전 단계에서 만든 살팀보카를 세이지가 아래로 향하도록 넣고 황갈색이 날 때까지 3분간 지진다. 뒤집어서 반대쪽 면도 두께에 따라 2~3분간 지진다. 팬에서 꺼낸 다음 이쑤시개를 제거하고 차려 내기 전까지 몇 분간 휴지시킨다.

**대체 생선**

쥐치 Leatherjacket
아귀 Monkfish
명태 Whiting

# 훈제 장어, 비트 잼 도넛
## Smoked Eel & Beetroot Jam Doughnut

입안 가득 느껴지는 훈연향, 짭쪼름한 맛, 달콤한 맛, 신맛, 크림 같은 부드러움을 간직한 이 요리는 애피타이저로 더없이 좋을 뿐만 아니라 도넛 그 자체로 좋은 간식거리이기도 하다.

### 도넛 약 30개 분량

### 훈제 장어 필링

껍질을 벗겨서 4등분한 데지레 등의 분질 감자 2개

고운 소금 50g

껍질과 뼈는 따로 남겨 둔 채 살만 포크로 잘게 으깨어 놓은 고온 훈연 장어 1/2미

사워 크림 250g

굵은 천일염, 갓 부숴 놓은 흑후추

레몬즙

갓 갈아 놓은 넛맥 1자밤

### 비트 퓌레

윗부분을 잘라낸 큼직한 적비트 1개

굵은 천일염

엑스트라 버진 올리브 오일 1+1/2큰술

레몬 타임 2줄기

매우 고운 설탕 80g

레드와인 비니거 50ml

### 도넛

생 이스트 30g

물 135ml

강력분 525g + 뿌리기용 추가분

전유 크림 60ml

매우 고운 설탕 85g

달걀 노른자 115g

녹인 기ghee 60g

소금 2작은술

튀김용 면실유 또는 해바라기씨 오일 2L

필링을 만든다. 커다란 소스 팬에 물을 채우고 감자, 소금, 장어 껍질과 뼈를 넣은 다음 끓을 때까지 가열한다. 감자가 완전히 물러질 때까지 익힌 다음 물기를 빼고 껍질과 뼈는 버린다. 감자를 체에 내려 따뜻하게 보관한다.

체에 내린 감자에 으깬 장어살과 사워 크림을 넣고 잘 섞어서 소금, 후추, 레몬즙으로 간을 한 다음 가는 노즐을 끼운 파이핑백에 넣고 차게 보관한다.

오븐을 180°C로 예열한다.

사각으로 자른 알루미늄 포일 한가운데에 비트를 놓고 소금, 올리브 오일, 타임으로 간을 한 다음 완전히 물러질 때까지 40분간 오븐에 굽는다. 뜨거울 때 껍질을 벗겨서 4등분한 다음 푸드 프로세서나 블렌더에 넣고 갈아서 고운 퓌레 상태로 만든다. 체에 내려서 한쪽에 둔다.

작은 냄비에 설탕을 넣고 색이 매우 짙어질 때까지 약 8분간 녹인다. 비니거를 넣고 다시 녹인다. 비트 퓌레를 넣고 걸쭉해 질 때까지 10분간 중불로 끓인다. 완전히 식혀서 가는 노즐을 끼운 파이핑 백에 넣고 한쪽에 둔다.

도넛을 만든다. 볼에 생 이스트 15g, 물, 강력분 150g을 넣고 혼합될 정도로만 섞는다. 실온에서 2시간 동안 그대로 둔다.

스탠드 믹서 볼에 우유, 남은 분량의 이스트를 넣고 1분간 그대로 둔다. 오일을 제외한 모든 재료와 첫 번째 이스트 반죽을 넣고 후크를 장착한 다음 모든 재료가 잘 혼합되어 광이 날 때까지 5~7분 정도 반죽한다. 비닐 랩을 씌우고 두 배로 부풀 때까지 냉장고에 넣어 하룻밤 발효시킨다.

다음날, 베이킹 트레이에 밀가루를 살짝 뿌려 놓는다. 작업대에 밀가루를 뿌리고 반죽을 올려 놓은 다음 1.5cm 두께로 밀어 편다. 4cm 크기의 링커터로 반죽을 잘라 밀가루를 뿌려 놓은 베이킹 트레이에 옮겨 놓는다. 1시간 정도 차게 보관한다.

큼직하고 바닥이 두꺼운 소스 팬에 튀김용 기름을 붓고 180°C까지 가열한다. 타공 스푼으로 한 번에 조금씩만 도넛을 넣고 황갈색이 나면서 가운데가 살짝 부풀어 오를 때까지 한 면당 1분에서 1분 30초 정도 튀긴다. 종이 타월에 건져서 기름을 뺀다.

도넛의 맨 위에 작은 구멍을 낸 다음 맨 윗부분 바로 아래까지 필링을 채우고 그 위에 비트 퓌레를 조금 짜서 올린다. 따뜻하게 차려 낸다.

### 대체 생선
훈제 앤초비Smoked anchovy

훈제 청어Smoked herring

훈제 정어리Smoked uardine

# BBQ & GRILL

## 바비큐와 직화구이

### 바비큐와 직화구이에 최적인 생선들

**가다랑어**Bonito

**도다리**Flounder

**청어**Herring

**고등어**Meckerel

**숭어**Mullet

**정어리**Sardines

**조각 보리멸**Spot whiting

숯불구이나 바비큐는 팬에서 천천히 만들어 낸 바삭한 생선 껍질을 더 바삭하게 만드는 신속한 고온 조리법이며 기발한 방법이기도 하다. 생선이 그릴의 강한 열에 닿으면 그 즉시 생선 껍질에는 기포가 생기면서 캐러멜화 된다. 자체의 지방이 많고 너무 두껍지 않은 생선이 직화구이Grilling에 알맞다.

지방이 풍부한 생선을 선택하는 것과 더불어 생선 직화구이의 핵심은 바로 인내심이다. 너무 일찍 들춰보면 껍질이 붙어서 찢어질 수 있으므로 웬만하면 구울 때 건드리지 않는 것이 좋다(그렇다고 해서 세상이 끝나는 것은 아니지만 미적으로도 질감상으로도 생선은 온전한 상태가 훨씬 더 좋은 법이다). 바비큐나 숯불구이를 자신있게 해낼 수 있다면 최상급이 아닌 어종이라도 타의 추종을 불허할 정도로 변화시킬 수 있다. 적절하게 다루고 조리법을 신중히 선택한다면 청어, 숭어, 도다리, 고등어, 정어리, 조각 보리멸과 같은 어종들이 무늬바리, 취청이, 도미와 같은 고급 어종들과 당당히 맞설 수 있게 되는 것이다.

◀ 왼쪽, 뒷장과 182쪽 노랑배도다리Yellowbelly Flounder

# 펼쳐서 포를 뜬 생선 바비큐의 핵심 사항
## BBQ BUTTERFLIED FISH ESSENTIALS

생선을 직화로 구울 때 고려해야 할 중요한 사항 중 하나는 지방이 많은 생선을 선택하는 것이다. 지방은 그릴 망에 생선 껍질이 들러 붙는 현상을 막아주는 윤활제 역할을 할 뿐만 아니라 살을 촉촉하게 유지한다. 엑스트라 버진 올리브 오일 또는 포도씨 오일은 생선 직화구이에 적합한 유지이며 생선 껍질에 살짝 발라준 다음 굵은 천일염을 부려서 굽는다. 오일을 너무 많이 바른 상태로 직화에 노출되면 불꽃이 일어나 생선에서 연소된 기름 맛이 나게 된다.

바비큐에 참숯 조개탄이나 완전히 타버린 나무를 사용할 경우 숯은 반드시 잉걸불 상태여야 하며 불꽃 또한 일어나지 않아야 한다. 잉걸불을 그릴 바닥에 고르게 펼쳐 놓으면 생선의 껍질이 타거나 살이 고르게 익지 않는 원인인 과열부를 방지할 수 있다. 생선을 올려 굽게 될 그릴 망은 뜨거운 잉걸불 위에서 적어도 20분 정도는 달궈져 있어야 한다.

**1.** 생선 필렛을 껍질이 아래로 향하도록 그릴 망에 놓고 생선의 가장 두꺼운 부위에 생선 누르개를 올려 놓는다(정어리 또는 망치고등어와 같은 더 무른 조직의 생선을 구울 경우에는 작은 트레이나 팬을 올린다).

**2.** 껍질에 먹음직스러운 색이 나면 생선 누르개를 제거하고 손등을 살짝 갖다 대어 생선 살이 따뜻한 상태인지 확인한다. 육안으로는 날것에서 반투명 상태로 변하기 시작하는 단계인지 확인한다(생선 살이 너무 차갑거나 생선의 상부까지 열이 도달하지 않았다면 화로의 너무 뜨겁지 않은 곳 또는 숯이 적은 곳에 옮겨 굽는다).

**3.** 생선이 75% 정도 익으면 그 즉시 큼직한 팔레트 나이프로 생선을 조심스럽게 덜어낸 다음 따뜻하게 데워진 접시에 옮겨 담는다. 껍질에 약간의 올리브 오일을 바르고 소금을 뿌린다. 따뜻한 접시에 담은 그대로 잠시 휴지시키면 최적의 취식 온도에 맞춰진다. 절대 살 쪽으로 뒤집으면 안 된다. 기껏 잘 구워 놓은 생선의 질감을 망치게 된다.

# 편평어 바비큐의 핵심 사항
## BBQ WHOLE FLAT FISH ESSENTIALS

납작한 생선을 그릴에 구울 때에도 필렛을 구울 때와 같은 기술이 적용된다. 유일한 차이점이라면 그릴의 강한 열로 생선을 뼈째 요리할 때 조금 더 주의를 기울여야 한다는 것 정도다.

도다리, 가자미, 서대, 넙치는 굽기 전에 최소한의 노동력만 필요하므로 직화구이에 더 없이 좋은 생선이라 할 수 있다. 껍질에는 몸에 좋은 지방과 함께 생선이 촉촉한 상태를 유지할 수 있게 해주는 젤라틴 또한 다량 함유되어 있다.

## 1.

생선 껍질에 먹음직스러운 색을 내고 들러붙는 위험을 최소화하려면 강한 열이 필요한데 온도가 너무 높으면 생선 껍질은 타고 뼈에 붙어 있는 살은 날것으로 남아 있게 된다. 따라서 숯의 위치가 매우 중요하다. 뜨거운 잉걸불 몇 개를 그릴의 한가운데에 가져다 놓고 나머지는 가장자리에 둘러서 쌓아 놓는다. 이렇게 하면 생선은 먹음직스러운 색이 나면서 고르게 익는다.

## 2.

생선의 양쪽 면에 먹음직스러운 색이 나면 대가리에 가까운 뼈의 심부 온도를 측정한다. 60°C에 도달해야 한다.

## 3.

엑스트라 버진 올리브 오일을 추가로 발라준 다음 천일염으로 간을 한다.

# 노랑촉수 바비큐, 옥수수와 켈프 버터

**BBQ Red Mullet, Corn & Kelp Butter**

숯불 화로 위에서 익어가는 노랑촉수의 매혹적인 냄새는 누구라도 들뜨게 만든다. 노랑촉수는 갑각류의 풍미가 짙어서 이를 두고 나는 늘 서민들의 랍스터라고 말한다. 이 맛있는 요리는 생선 껍질의 맛과 동시에 옥수수의 짙고 풍성한 감칠맛을 즐길 수 있다.

## 4인분

물 2L
고운 소금 100g
옥수수 4개
엑스트라 버진 올리브 오일 90ml
굵은 천일염, 갓 부숴 놓은 흑후추
부드러운 상태의 버터 200g
말린 켈프(김 또는 미역) 가루 2큰술
갈색 생선 육수(67쪽 참조) 100ml
레몬즙
1장당 200g 정도의 껍질, 대가리, 꼬리를 남긴
　채 뼈를 제거하고 펼쳐서 포를 뜬 노랑촉수
　4미

숯불 화로를 준비한다. 그릴이 뜨겁게 달궈져 있어야 하며 숯은 충분히 타서 고르게 열을 발산하는 잉걸불이 되어 있어야 한다.

커다란 소스 팬에 물과 소금을 넣고 센 불로 끓을 때까지 가열한다. 옥수수를 넣고 뚜껑을 덮은 채 부드러워질 때까지 4분간 익힌다. 완전히 식힌 다음 겉껍질을 벗기고 올리브 오일 30ml를 바른 다음 소금으로 간을 한다.

그릴은 반드시 뜨거운 상태여야 하며 가장 뜨거운 곳이 어디인지 알고 있어야 한다. 옥수수를 그릴 망에 올려서 살짝 거뭇하게 그슬릴 때까지 4분간 굽는다. 그릴에서 꺼낸 다음 알갱이를 떼어 내고 한쪽에 둔다.

스탠드 믹서에 거품기를 장착한 다음 볼에 버터를 넣고 부피가 두 배로 늘어나면서 하얀색이 날 때까지 작동시킨다. 켈프 가루를 넣고 완전히 혼합될 때까지 섞는다. 완성된 켈프 버터는 용기에 담아 냉장고에서 굳힌다.

소스 팬에 육수와 옥수수를 넣고 육수가 반으로 졸아들 때까지 가열한다. 켈프 버터를 다이스로 썰어 육수에 한 조각씩 넣으면서 유화되도록 낮은 온도로 가열하며 잘 저어준다. 소스는 걸쭉하면서 광이 나야 한다. 레몬즙, 후추, 약간의 소금으로 간을 한 다음 따뜻하게 보관한다.

남아 있는 오일을 생선에 바르고 껍질에는 원하는 만큼의 소금을 뿌린다. 생선을 껍질이 아래로 가도록 그릴 망에 올리고 대가리 가까운 곳 살 위에 생선 누르개를 올린 채 2분간 굽는다. 누르개를 생선의 한가운데로 옮겨서 조금 더 굽는다.

생선이 70% 정도 익었으면 그릴에서 꺼낸다. 접시에 옥수수와 켈프 버터를 나누어 담고 그 위에 생선을 올려서 차려 낸다.

**대체 생선**

청어 Herring
숭어 Mullet
명태 Whiting

# 글레이즈드 홍바리 갈비 바비큐

BBQ Glazed Bar Cod Ribs

이 요리는 홍바리, 투어바리, 하푸카, 큰민어와 같은 대형 어종으로 만들기에 좋은데 소형 어종과는 뚜렷하게 구별되는 커다란 흉곽을 가지고 있기 때문이다. 그릴에서 갓 구워 뜨거울 때 라임즙만 짜서 먹어도 맛있게 즐길 수 있으며 커틀러리는 그저 거들 뿐이다.

## 4인분

각각 100g 정도의 홍바리 갈비 4개
엑스트라 버진 올리브 오일 2큰술
굵은 천일염

## BBQ 소스

숯불에 구워 껍질이 들뜬 토마토 500g
몰트 비니거(맥아 식초) 100ml
짙은 색의 모스코바도(연한 갈색) 설탕 150g
팔각 가루 1/2작은술
펜넬 씨앗 가루 1/2작은술
코리앤더 씨앗 가루 1/2작은술
흑후추 가루 1/2작은술
훈제 파프리카 가루 1/2작은술
우스터셔 소스 2 1/2큰술
베지마이트(이스트 추출물로 만든 호주 특산
　스프레드-역주) 1큰술

소스 - 블렌더 또는 푸드프로세서에 모든 재료를 넣고 갈아서 퓌레로 만든 다음 커다란 소스 팬에 넣고 걸쭉해지면서 맛있는 냄새가 날 때까지 중불로 가열한다. 다시 블렌더에 넣고 완전히 매끄러운 상태가 되도록 갈아서 차갑게 보관한다.

식으면 홍바리 갈비를 소스에 재워서 하룻밤 냉장 보관한다.

다음날, 숯불 화로를 준비한다. 그릴이 뜨겁게 달궈져 있어야 하며 숯은 충분히 타서 고르게 열을 발산하는 잉걸불이 되어 있어야 한다.

재워 놓았던 갈비를 꺼내어 여분의 소스를 긁어 낸 다음 약간의 오일을 바르고 소금을 뿌려 간을 한다.

그릴의 열이 고르게 발산되는 상태여야 하며 가장 뜨거운 곳이 어디인지 알고 있어야 한다. 그릴 망에 갈비를 배열해서 올리고 양면이 골고루 캐러멜화 되도록 고온으로 익힌다.

즉시 차려 낸다. 손이 닿는 곳에 핑거볼(손을 씻을 수 있도록 물을 담아 놓은 사발-역주)과 따뜻한 수건을 준비한다.

## 대체 생선

능성어 Grouper
민대구 Hake
하푸카 Hapuka

# 호주 청어, 마카다미아 타히니, 레몬 요거트

Tommy Ruff, Macadamia Tahini & Lemon Yogurt

---

그동안 제대로 대접받지 못했던 이 어종이 호주에서 가장 인기있는 너트류인 마카다미아의 깊은 맛과 레몬 요거트의 산미, 꽃 향기를 만나면 훌륭한 요리로 탈바꿈한다. 토미 러프(호주 청어)는 매우 깔끔하고 맑은 풍미를 가지고 있으며 양질의 기름 또한 풍부하다. 숯불구이용으로 완벽한 생선인 것이다.

## 4인분

자그마한 브로콜리니 4줄기
엑스트라 버진 올리브 오일 2큰술
굵은 천일염
펼쳐서 포를 뜬 토미 러프(청어) 4미
레몬즙

### 레몬 요거트
레몬(가급적 메이어 레몬) 1개
천연 요거트 250g(필요시 추가분)
굵은 천일염

### 마카다미아 타히니
마카다미아 너츠 250g

생선을 구울 작은 숯불 화로 또는 가스 바비큐 구이기 또는 그릴 팬을 준비한다(가능하다면 작은 숯불 화로를 사용하는 것이 가장 좋다).

레몬 요거트를 만든다. 과도로 레몬을 찔러서 작은 구멍을 낸 다음 소스 팬에 넣고 찬물을 붓는다. 뚜껑을 덮고 끓을 때까지 가열한 다음 5분간 익힌다. 레몬을 건져서 물기를 빼고 이 과정을 두 번 더 반복한다. 이렇게 하면 레몬이 매우 부드러워지면서 속껍질(중과피)의 쓴맛이 모두 사라진다. 레몬을 반으로 잘라서 씨를 뺀 다음 블렌더에 넣고 매끈한 상태가 되도록 갈아준다. 볼에 옮겨 담고 피막이 생기지 않도록 표면에 유산지를 덮어서 차갑게 보관한다.

레몬 퓌레가 완전히 식으면 요거트, 소금 1자밤을 넣고 섞는다. 레몬의 풍미가 너무 강하다면 요거트를 조금 더 넣는다. 한쪽에 둔다.

타히니를 만든다. 오븐을 160°C로 예열한다. 베이킹 트레이에 마카다미아를 올려서 오븐에 넣고 살짝 색이 날 때까지 15분간 굽는다. 70°C로 설정한 써머믹스에 마카다미아를 넣고 땅콩버터처럼 완전히 매끈한 상태가 될 때까지 10분간 갈아준다. 약간의 따뜻한 물과 함께 블렌더에 넣고 갈아도 된다.

숯불 화로를 준비한다. 그릴이 뜨겁게 달궈져 있어야 하며 숯은 충분히 타서 고르게 열을 발산하는 잉걸불이 되어 있어야 한다.

브로콜리니에 오일을 살짝 바르고 소금을 뿌린다. 그릴에 올려 중간 화력에서 부드러워질 때까지 2분간 굽는다. 줄기를 작은 원판 모양으로 잘게 자르다가 꽃 부분에서 멈춘다. 따뜻하게 데운 볼에 담아 한쪽에 둔다.

청어 껍질에 오일을 살짝 바르고 소금을 뿌린 다음 껍질이 아래로 향하도록 그릴 망에 올려 가장 화력이 강한 곳에서 타지 않도록 주의하며 2분간 굽는다. 생선이 70% 정도 익었을 때 망에서 꺼낸 다음 필렛을 샌드위치처럼 접는다.

차려 낼 때는 접시의 한가운데에 타히니를 듬뿍 떠서 올리고 그 안쪽으로 레몬 요거트를 떠서 올린다. 브로콜리니에 오일을 조금 더 바르고 레몬즙을 뿌린다. 소스 위에 잘게 썰어 놓은 브로콜리니 줄기와 꽃 부분을 올린 다음 바로 옆에 청어를 놓는다.

**대체 생선**
고등어Mackerel
삼치Kingfish
정어리Sardines

# 버주스와 소렐로 맛을 낸 녹색등도다리

Greenback Flounder in Verjuice & Sorrel

나는 빅토리아Victoria에 있는 '코너 인렛Corner Inlet'의 어부 브루스 콜리스Bruce Collis와 함께 일하는 특권을 누리고 있다. 그가 잡은 생선은
적수가 없으며 그중 녹색등도다리는 그야말로 압권이다. 이 생선의 우아한 맛과 탄탄한 질감을 뽐내기에는 이 레시피만한 것이 없다.
노랑배도다리, 서대 또는 넙치는 모두 훌륭한 대체 어종이다.

## 4인분

내장과 비늘을 제거한 녹색등도다리
　　500g짜리 2개
엑스트라 버진 올리브 오일 120ml
굵은 천일염
버주스 120ml
잎이 큰 소렐 슬라이스 130g

숯불 화로를 준비한다. 그릴이 뜨겁게 달궈져 있어야 하며 숯은 충분히 타서 고르게 열을 발산하는 잉걸불이
되어 있어야 한다.

도다리에 올리브 오일을 살짝 바르고 천일염으로 골고루 간을 한다. 하얀색 면(배쪽)이 아래로 가도록 그릴 망에
올려 4분간 구운 다음 뒤집어서 뼈 쪽 온도가 60℃에 도달할 때까지 4분 더 굽는다.

남은 올리브 오일과 버주스를 평평한 베이킹 트레이에 넣고 그릴 한쪽에 올려 따뜻하게 데운다. 이 베이킹
트레이에 도다리를 옮겨 담고 그대로 5분간 가열한다.

접시에 도다리의 하얀색 면이 위로 향하도록 놓는다. 베이킹 트레이를 다시 그릴에 올려서 거품기로 저어 생선
육즙과 버주스, 오일을 잘 섞은 다음 도다리 위에 끼얹는다. 소렐 잎을 한 줌 넉넉하게 올려서 마무리한다.

## 대체 생선

노랑 배 도다리Yellowbelly flounder
서대Sole
넙치Turbot

# 토마토와 복숭아 샐러드를 곁들인 바비큐 황새치 찹

BBQ Swordfish Chop with Tomato & Peach Salad

내게 황새치는 육류의 세계에 생선을 이끌고 들어올 수 있도록 영감을 준 존재다. 또한 '세인트 피터'에서 우리가 생선을 요리하는 방식의 좋은 예이기도 하다. 우리는 황새치 정육 작업 시에 뼈에 붙어 있는 상등심 1/4을 남기고 나머지 3/4을 떼어낸다. 이 1/4을 남김으로써 독특한 형태의 지육을 만들 수 있는데 이것이 본질적으로 황새치의 갈비가 되는 것이다. 뱃살은 염장해서 훈연한 다음 잘게 썰어서 구운 황새치의 뼈와 척수로 만든 보르들레즈 소스에 넣어 섞는다. 그리고 갈비는 때때로 이런 형태로 토막을 내어 내가 좋아하는 샐러드를 곁들여서 차려 내곤 한다.

## 4인분

뼈가 붙어 있는 황새치 스테이크(20일
　숙성육이 이상적) 1.5kg짜리 1개
엑스트라 버진 올리브 오일 2큰술
굵은 천일염, 갓 부숴 놓은 흑후추

### 토마토, 백도 샐러드
엑스트라 버진 올리브 오일 175ml
샤르도네 비니거 또는 설탕 1자밤을 넣은
　화이트와인 비니거 50ml
씨를 긁어낸 바닐라 빈 1/2
슬라이스한 알이 굵은 토마토(비프 토마토)
　3개
굵은 천일염, 갓 부숴 놓은 흑후추
토마토와 같은 크기로 슬라이스한 백도 3개

숯불 화로를 준비한다. 그릴이 뜨겁게 달궈져 있어야 하며 숯은 충분히 타서 고르게 열을 발산하는 잉걸불이 되어 있어야 한다.

샐러드를 준비한다. 볼에 올리브 오일, 비니거, 바닐라를 넣고 혼합한다. 토마토에 소금과 후추를 골고루 뿌려 간을 하고 접시에 복숭아와 함께 정렬해 놓는다. 드레싱을 잘 섞어서 토마토와 복숭아 위에 끼얹고 한쪽에 둔다.

오븐을 100℃, 가능하다면 그 이하로 예열한다.

받침 망을 올린 트레이에 스테이크를 올려 놓는다. 살 부분에 올리브 오일을 바른 다음 천일염으로 간을 한다. 오븐에 넣고 심부 온도가 35℃에 이를 때까지 천천히 데운다. 생선은 완전히 설익은 상태여야 한다.

스테이크를 그릴 망에 옮긴 다음 매우 강한 열로 껍질과 뼈 쪽을 포함해서 한 면당 2분씩 굽는다. 껍질이 타지 않도록 주의한다. 심부 온도를 측정한다. 55℃ 정도까지 도달했으면 그릴에서 꺼내어 5분간 레스팅 한다.

레스팅 되었으면 스테이크에 오일을 조금 더 바르고 소금과 후추로 간을 한 다음 L 모양의 뼈는 그대로 남겨 둔 채 살을 잘라낸다. 이 뼈에 소금과 후추로 충분히 간을 한 다음 접시의 한가운데에 놓는다.

스테이크를 얇은 조각으로 썰어서 접시에 놓아 둔 뼈에 원래의 모양대로 조합해 놓는다. 토마토와 복숭아 샐러드를 곁들여서 차려 낸다.

**대체 생선**
배불뚝치 Moonfish
참치 Tuna
야생 삼치 Wild kingfish

# 망치고등어 바비큐와 태운 토마토 토스트

BBQ Blue Mackerel & burnt Tomato on Toast

태운 토마토가 이렇게 맛있을 일인가. 이 드레싱은 고등어, 참치, 청어처럼 더 깊은 맛의 생선과도 잘 어울리지만 그릴에서 절반 정도만
익힌 뜨거운 토스트와 토마토의 온기로써 조리를 마무리한 이 요리와 함께라면 더할 나위가 없다.

## 4인분

망치고등어 300g짜리 1미
엑스트라 버진 올리브 오일 60ml
굵은 천일염, 갓 부숴 놓은 흑후추
고품질 사워도우 식빵 2장

### 토마토 드레싱

절반으로 자른 방울 토마토 300g
케이퍼 75g
가늘게 링으로 슬라이스한 프렌치 샬롯 125g
매우 고운 설탕 2작은술
샤르도네 비니거 또는 설탕 1자밤을 넣은
　화이트와인 비니거 100ml
생선 가룸 50ml
엑스트라 버진 올리브 오일 200ml

드레싱을 만든다. 무거운 주물 팬에 반으로 자른 토마토를 넣고 센 불에 올려서 물러질 때까지 6분 정도 단면을
태운다. 토마토를 다 태우고 나면 나머지 재료들과 섞어서 사용하기 30분까지 그대로 따뜻하게 보관한다.

고등어를 꼬리가 마주 보이도록 도마 가운데에 올려 놓고 복강이 노출되도록 열어둔다. 날카로운 칼로 척추뼈
한쪽을 따라 잘라서 생선 윗면을 그대로 관통하듯 포를 뜨는데 대가리와 붙어 있는 지점에 이르면 대가리가
마주 보이도록 생선을 돌린 다음 칼날의 1/3 부분만 사용해서 대가리를 반으로 가른다. 이렇게 하면 대가리와
꼬리가 붙어 있는 생선 포가 만들어진다. 잔가시를 제거한다. 다른 한 장의 포도 같은 방식으로 장만하는데
이번에는 생선을 도마 위에 평평하게 눕힌 다음 대가리와 꼬리가 그대로 붙어 있도록 생선의 윗면 쪽에서 포를
뜬다(이 방식이 너무 어렵다면 일반적인 방식으로 포를 뜨거나 생선가게에서 포를 떠 달라고 요청하면 된다).

숯불 화로를 준비한다. 그릴이 뜨겁게 달궈져 있어야 하며 숯은 충분히 타서 고르게 열을 발산하는 잉걸불이
되어 있어야 한다.

고등어의 껍질에 약간의 오일을 바르고 천일염을 뿌린다. 그릴에 올려 껍질에 색이 날 때까지 2~3분간 굽는다.
살을 만졌을 때 따뜻하면 그릴에서 꺼낸 다음 껍질에 올리브 오일을 조금 더 바르고 소금과 후추로 간을 한다.

빵에 올리브 오일을 바른 다음 불 향이 나면서 골고루 색이 나도록 그릴에 올려 한 면당 1분간 굽는다. 접시에
토스트를 올리고 그 위에 토마토 드레싱을 떠서 올린 다음 고등어를 올린다. 통째 또는 나눠 먹을 수 있도록
썰어서 차려 낸다.

**대체 생선**

숭어Mullet
청어Herring
정어리Sardines

# 보리멸 바비큐, 완두콩, 황새치 베이컨과 양상추

BBQ Sand Whiting, Peas, Swordfish Bacon & Lettuce

보리멸은 단맛이 도는 살을 가진 생선으로 달콤한 즙이 많은 제철 봄 완두콩, 아삭한 양상추 잎과 잘 어울린다. 황새치 베이컨을 더하면 요리에 감칠맛이 극대화되면서 간이 되는데 버주스와 타라곤을 함께 사용하면 그 풍미가 더욱 두드러진다. 그야말로 완벽한 봄의 요리다.

## 4인분

물 2L
고운 소금 100g
싱싱한 생완두콩 400g
기ghee 60g
2cm 길이의 막대 모양으로 자른 황새치
    베이컨 200g
버주스 120ml
갈색 생선 육수(67쪽 참조) 300ml
반으로 잘라 헹궈 놓은 작은 로메인 상추 4통
잎만 뜯어 놓은 타라곤 1큰술
버터 80g
굵은 천일염, 갓 부숴 놓은 흑후추
역방향으로 펼쳐 포를 뜬 보리멸 또는 명태
    200g짜리 4미
엑스트라 버진 올리브 오일 3큰술

숯불 화로를 준비한다. 그릴이 뜨겁게 달궈져 있어야 하며 숯은 충분히 타서 고르게 열을 발산하는 잉걸불이 되어 있어야 한다.

볼에 얼음물을 채워서 준비한다. 커다란 육수 냄비에 물과 고운 소금을 넣고 센 불에서 끓을 때까지 가열한다. 완두콩을 넣고 뚜껑을 덮은 채 부드러워질 때까지 3분간 익힌다. 건져서 물기를 빼고 얼음물에 담가 식힌다.

프라이팬에 기를 넣고 가열한 다음 베이컨을 넣고 황갈색이 날 때까지 5분간 익힌다. 버주스를 넣고 저어서 팬 바닥에 붙은 고형물들을 긁어 녹인다. 3분간 끓여서 시럽 농도로 졸인다.

육수를 붓고 상추를 넣은 다음 유산지로 덮는다. 상추 잎의 숨이 죽을 정도로만 2분 정도 뭉근하게 끓인다. 완두콩, 타라곤, 버터를 넣고 간을 한다. 따뜻하게 보관한다.

펼쳐서 포를 뜬 생선의 껍질에 올리브 오일을 바르고 소금을 뿌린다. 그릴 망에 생선 껍질이 고르게 닿도록 올려 놓는다. 그 위에 생선 누르개를 올려 껍질에 기포가 생기면서 거뭇하게 그슬리고 살이 따뜻해질 때까지 2분간 굽는다.

따뜻하게 데운 접시 또는 볼 4개에 완두콩, 베이컨, 양상추를 올리고 그 위에 절반 정도만 익힌 생선을 올려서 조리를 마무리한다.

**대체 생선**
도다리Flounder
고등어Mackerel

# 만새기 짝갈비 바비큐, 향신료로 맛을 낸 누에콩 잎, 당근과 미드

BBQ Mahi-Mahi Rack, Spiced Broad Bean Leaves, Carrots & Mead

---

나는 이 레시피에 만새기를 사용했는데 그 이유는 손질한 만새기가 양갈비의 모양과 비슷하기 때문이다. 강한 향신료와 당근의 단맛 그리고 미드(벌꿀술)는 이 요리에 완전히 다른 차원의 풍미를 부여한다. 이처럼 생선을 뼈째 익히면 그 풍미와 질감도 뚜렷하게 달라진다.

## 4인분

만새기 짝갈비 300g짜리 2개
엑스트라 버진 올리브 오일 1큰술
굵은 천일염
갈색 생선 육수(가급적 만새기로 만든 것,
　67쪽 참조) 100ml

### 당근 버터
굵직하게 다진 당근 1kg
미드 150ml + 양념용 추가분
부드러운 상태의 버터 200g

### 향신료로 맛을 낸 누에콩 잎
누에콩(파바콩) 잎 300g
굵게 빻은 고춧가루 1큰술
파프리카 가루 1큰술
잘게 다진 생강 1작은술
사프론 1/2작은술
잘게 다진 프렌치 샬롯 4개
가늘고 길게 슬라이스한 생월계수 잎 2장
큐민 가루 1큰술
곱게 갈아 놓은 마늘 2톨
잘게 다진 이탈리아 파슬리 잎 2큰술
잘게 다진 코리앤더 2큰술
가늘게 슬라이스한 레몬 절임 1/2
올리브 오일 125ml + 발라줄 추가분
레몬 1/2개 분량의 즙

당근 버터를 만든다. 볼에 얼음물을 채워서 준비한다. 푸드프로세서에 당근과 미드를 넣고 갈아서 고운 펄프로 만든다. 이 펄프를 눈이 고운 체에 내려 소스 팬에 담고 당근 즙이 졸아 약 100ml 정도의 시럽 상태가 될 때까지 중불로 가열한다. 완성된 시럽을 볼에 담고 얼음물을 담아 놓은 볼에 넣어 식힌다.

스탠드 믹서에 부드러운 상태의 버터를 넣고 매우 하얀 색깔이 나면서 부피가 두 배가 될 때까지 휘핑한다. 당근 시럽을 넣고 1분 더 섞는다. 볼에 옮겨 담고 사용할 때까지 차갑게 보관한다.

향신료로 맛을 낸 누에콩 잎을 만든다. 누에콩 잎을 제외한 모든 재료를 볼에 넣고 섞어서 드레싱을 만든다. 사용할 때까지 실온에 보관한다.

숯불 화로를 준비한다. 그릴이 뜨겁게 달궈져 있어야 하며 숯은 충분히 타서 고르게 열을 발산하는 잉걸불이 되어 있어야 한다.

생선 껍질에 올리브 오일을 바르고 소금을 뿌려 간을 한다. 화로의 숯을 나눠서 온도가 낮은 구역과 높은 구역을 만든다. 고온 구역에 껍질이 아래로 향하도록 올려서 색이 날 때까지 4분간 굽다가 뼈가 있는 쪽으로 뒤집어서 온도가 낮은 구역으로 옮긴 다음 6분 더 굽는다. 심부 온도가 50°C에 도달하면 꺼낸 다음 휴지시킨다.

냄비에 생선 육수를 붓고 시럽처럼 윤기가 돌 때까지 5분 정도 끓여서 졸인다. 이 육수에 당근 버터 조각을 조금씩 넣으면서 유화되도록 잘 저어준다. 미드와 레몬즙으로 간을 한 다음 따뜻하게 보관한다.

누에콩 잎에 남은 올리브 오일을 바르고 체 안쪽에 놓는다. 체 손잡이를 쥐고 그릴에 올려 숨이 죽을 때까지 1분 정도 굽다가 볼에 옮겨 담고 드레싱(남은 드레싱은 냉장고에 며칠간 보관할 수 있으며 삶은 달걀에 끼얹으면 아침식사로 그만이다)을 조금 넣고 버무린다. 구워 놓은 생선을 드레싱에 버무린 누에콩 잎, 따뜻한 당근 미드 소스와 함께 차려 낸다.

### 대체 생선
도다리 Flounder
황새치 Swordfish
야생 삼치 Wild kingfish

# 황다랑어 치즈버거와 소금, 식초로 맛을 낸 양파링

Yellowfin Tuna Cheeseburger with Salt & Vinegar Onion Rings

생선 버거는 그 모양과 맛이 소고기 버거와 흡사하다. 우리가 맨 처음 이 버거를 만들어 먹었을 때의 그 놀라움을 똑똑히 기억하고 있다. 나라면 언제든 흔한 버거 대신 이 버거를 택할 것이다.

## 4인분

체다 슬라이스 치즈 4장
반으로 자른 햄버거 번 4개
BBQ 소스(187쪽 참조) 60ml
젖산 발효 오이(101쪽 참조) 슬라이스 12개
바삭하게 구운 황새치 베이컨(60쪽 참조)
    슬라이스 4장(선택사항)
손질한 양상추 잎 4장

## 패티

기ghee 40g
잘게 다진 프렌치 샬롯 200g
황다랑어 자투리 100g
소금 1큰술
황다랑어 등살 200g
황다랑어 적색육 200g
후추 가루 1작은술
펜넬 씨앗 가루 1/2작은술
깍둑 썰기한 머레이 대구, 날새기 또는 민대구
    지방 50g
엑스트라 버진 올리브 오일 2큰술

## 소금과 식초로 맛을 낸 양파 링

매우 고운 설탕 2큰술
맥아 식초 500ml
소금 80g
1cm 두께의 링 모양으로 슬라이스한 양파
    4조각(가운데에 있는 작은 링은 제거)
튀김용 면실유 또는 해바라기 오일 2L
쌀가루 50g
피시 앤 칩스 반죽(139쪽 참조) 절반 분량

먼저 패티를 만든다. 소스 팬에 기를 넣고 약한 불로 가열한 다음 샬롯을 넣고 뚜껑을 덮은 채 색이 나지 않도록 10분 정도 찐다. 참치 자투리와 소금을 블렌더에 넣고 갈아서 분홍색의 페이스트 상태로 만든다.

참치 등살을 굵직하게 다져서 다진 소고기처럼 뭉쳐 놓는다. 적색육도 동일한 방법으로 다진 다음 등살과 함께 페이스트에 넣고 섞는다. 후추, 펜넬, 머레이 대구 지방을 넣고 섞는다. 30분 정도 차갑게 보관한다.

숯불 화로를 준비한다. 그릴이 뜨겁게 달궈져 있어야 하며 숯은 충분히 타서 고르게 열을 발산하는 잉걸불이 되어 있어야 한다.

참치 믹스를 패티 네 개로 성형한다. 각각의 무게는 120g이며 살짝 눌러서 두께가 2cm를 넘지 않도록 한다. 올리브 오일을 발라서 굽기 전까지 실온에 보관한다.

그릴 망에 패티를 올려 양면이 골고루 캐러멜화 되도록 4분간 굽는다. 1분 정도가 남았을 때 뒤집은 면 위에 슬라이스 치즈를 올리고 가만히 녹인 다음 그릴에서 꺼내어 휴지시킨다.

양파 링을 만든다. 냄비에 설탕, 비니거, 소금을 넣고 끓인다. 양파의 링을 분리한 다음 피클액에 한 줌 넣고 물러질 때까지 1~2분 정도 익힌다. 타공 스푼으로 양파를 건져 내고 같은 방식으로 나머지 양파를 모두 익힌다.

크고 바닥이 두꺼운 소스 팬에 기름을 붓고 180℃가 될 때까지 가열한다. 양파 링에 쌀가루를 뿌려 묻힌 다음 튀김 반죽을 입힌다. 가열된 기름에 양파 링을 하나씩 넣고 황갈색이 날 때까지 튀긴다. 종이 타월에 건져낸 다음 소금을 뿌려 간을 한다.

버거 번을 그릴에 올려 살짝 굽는다. 아래쪽 번 가운데에 BBQ 소스를 한 스푼 떠서 올리고, 패티, 오이 피클, 베이컨, 양상추 순으로 올린 다음 그 위에 소스를 조금 더 올리고 번을 덮는다. 살짝 눌러 준 다음 양파 링과 함께 차려 낸다.

사진은 앞 쪽에.

# 배불뚝치 스테이크와 감자튀김

Monkfish Steak Frites

이 요리는 스테이크와 감자튀김의 생선 버전으로 원조의 풍미와 질감을 그대로 구현했다. 아무리 까다로운 입맛을 가진 사람이라도 이 풍성한 맛의 생선을 먹게 되면 분명 만족할 것이다. 곁들임까지 고려한다면 가능성은 무궁무진하다.

## 10인분

배불뚝치opah 또는 참치(가급적 8일 숙성육)의
    껍질이 붙어 있는 짙은 색의 원형 근육
    2kg짜리 1개
엑스트라 버진 올리브 오일 60ml
굵은 천일염, 갓 부숴 놓은 흑후추

### 베아르네즈 소스

슬라이스한 프렌치 샬롯 6개
타라곤 4줄기 + 다진 타라곤 2큰술
통 흑후추 12알
화이트와인 250ml
타라곤 비니거 250ml
달걀 노른자 7개
작은 주사위 모양으로 잘라 실온에 둔
    무염버터 500g
굵은 천일염, 갓 부숴 놓은 흑후추

### 차려 낼 때

손질한 물냉이 120g
손질한 프리세frisée 80g
얇은 웨지 모양으로 썬 래디시 10개
절반 분량의 버주스 드레싱(90쪽 참조)
감자칩(139쪽 참조) 1kg

베아르네즈 소스를 만든다. 소스 팬에 샬롯, 타라곤 줄기, 통후추, 와인, 비니거를 넣고 중불로 8~10분간 끓여 150ml가 될 때까지 졸인다.

소스 팬 위에 걸쳐질 수 있는 커다란 내열 볼에 달걀 노른자를 넣는다. 졸인 타라곤 액을 걸러서 노른자에 붓고 거품기로 저어 섞는다. 물이 잔잔하게 끓고 있는 소스 팬 위에 볼을 올려서 휘젓기 시작한다. 내용물의 부피가 세 배가 되면 한 번에 버터 3~4조각씩 넣으면서 계속 휘젓는다. 버터를 모두 녹여 넣었으면 볼을 내린 다음 다진 타라곤을 넣고 간을 본다. 피막이 생기지 않도록 유산지를 소스의 표면에 닿도록 덮는다. 따뜻하게 보관한다.

오븐을 가능한한 낮은 온도로 예열한다. 생선에 올리브 오일을 바르고 소금을 뿌린다. 베이킹 트레이에 올린 받침 망에 생선을 놓고 심부 온도가 45°C가 될 때까지 오븐에서 1시간 정도 익힌다. 10분 정도 휴지시킨 다음 껍질 쪽에 오일을 한 번 더 바른다.

스토브에 큼직한 주물 팬을 올려 달군다. 생선의 껍질이 아래로 향하도록 놓고 캐러멜화 될 때까지 익힌다. 살 부분을 팬에 잠시만 닿게 한 다음 꺼내어 소고기의 우둔 부위와 비슷하게 보이도록 긴 조각으로 자른다. 간을 한 다음 베아르네즈 소스, 버주스 드레싱으로 버무린 물냉이, 프리세, 래디시 샐러드, 갓 튀긴 감자칩을 푸짐하게 담아 함께 차려 낸다.

### 대체 생선

청새치Marlin
참치Tuna
황새치Swordfish

사진은 205쪽에

# 숯불에 구운 소시지, 셀러리악, 완두콩과 양파 소스
## Grilled Sausage, Celeriac, Peas & Onion Sauce

기본적으로, 이 풍미의 구성이 고급스러운 것은 아니다. 우리가 익히 알고 있는 소시지, 으깬 채소, 양파 그래비의 조합을 재해석한 것이며 소시지에 흔히 사용되는 돼지고기를 맛있는 생선으로 대체했다. 나는 이 요리에 완전히 빠져버렸는데 여러분도 그렇게 되리라 기대한다.

### 4인분

### 소시지
기ghee 40g
잘게 다진 양파 3개
태평양 송어 또는 바다 송어 뱃살 250g
뼈와 껍질을 제거하고 5mm 크기의 주사위
　모양으로 자른 흰살생선(수염대구, 민대구,
　대구, 능성어, 퉁돔)
고운 소금 1+1/2작은술
후춧가루 1작은술
펜넬 씨앗 가루 1작은술
잘게 다진 파슬리 2큰술
잘게 다진 차이브 2큰술
45분간 불린 천연 양장lamb casings

### 셀러리악 퓌레
껍질을 벗기고 2cm 크기의 주사위 모양으로
　자른 셀러리악 375g
우유 200ml
농도가 진한(더블/헤비) 크림 100ml
버터 40g
굵은 천일염

### 양파 소스
버터 50g
가늘게 슬라이스한 양파 큰 것 4개
슬라이스한 마늘 2톨
생월계수 잎 1장
셰리 비니거 50ml
갈색 생선 육수(67쪽 참조) 750ml
굵은 천일염, 갓 부숴 놓은 흑후추

### 양념 완두콩
껍질을 깐 완두콩 200g
굵은 천일염, 갓 부숴 놓은 흑후추
엑스트라 버진 올리브 오일 60ml

작은 소스 팬에 기를 넣고 중불로 가열한다. 양파를 넣고 6~7분간 축축하게 볶은 다음 완전히 식힌다.

송어 뱃살을 큼직한 주사위 모양으로 잘라 2시간 정도 차갑게 보관한다.

푸드프로세서에 송어 뱃살을 조금씩 넣고 갈아서 매끄러운 상태로 만든다. 너무 기름지게 보이면 차가운 물을 조금 넣고 갈아서 유화시킨다. 볼에 옮겨 담고 썰어 놓은 흰살생선 살과 양파와 허브를 포함한 모든 양념들을 넣고 섞는다.

생선 살 건더기가 통과할 수 있을 정도의 토출구를 소시지 필러에 부착하고 소시지 믹스를 필러 용기에 넣는다. 불려 놓은 양장에 소시지 믹스를 밀어 넣으면서 12~15cm 길이의 소시지를 만들어 하나씩 묶는다. 분량의 소시지를 다 만들면 고리에 걸거나 받침 망에 넣어서 하룻밤 말린다.

다음날, 셀러리악 퓌레를 만든다. 바닥이 두꺼운 소스 팬에 셀러리악, 우유, 크림, 버터, 약간의 소금을 넣는다. 중불에서 뭉근하게 끓을 때까지 가열한 다음 불을 줄이고 셀러리악이 완전히 물러질 때까지 한 번씩 저어주면서 20~25분간 익힌다. 조리액을 약간만 남기고 건져서 한 쪽에 둔다. 푸드프로세서에 셀러리악을 넣고 매끄러운 상태가 될 때까지 갈아준다. 이때 남겨 둔 조리액이 필요할 수도 있다. 간을 하고 따뜻하게 보관한다.

양파 소스를 만든다. 바닥이 두꺼운 소스 팬에 버터를 넣고 약불로 가열한 다음 양파, 마늘, 월계수 잎을 넣는다. 뚜껑을 덮고 양파가 완전히 물러질 때까지 25분간 익힌다. 뚜껑을 열고 양파가 캐러멜화 될 때까지 15분 더 익힌다. 비니거를 붓고 바닥에 눌어 붙은 고형물 조각을 긁어 녹인 다음 시럽 상태가 되도록 3분간 졸인다. 육수를 붓고 중불에서 절반으로 졸인다. 간을 하고 따뜻하게 보관한다.

숯불 화로를 준비한다. 그릴이 뜨겁게 달궈져 있어야 하며 숯은 충분히 타서 일정한 높이로 고르게 열을 발산하는 잉걸불이 되어 있어야 한다.

그릴 망에 소시지를 올려서 5~6분간 굽는다. 소시지의 색이 너무 많이 나지 않으면서 외피가 안정될 때까지 적당한 열을 유지해야 한다. 강한 열이 나도록 숯을 모은 다음 소시지의 모든 면에 색이 나도록 1분간 더 굽는다. 그릴에서 꺼낸 다음 휴지시킨다.

커다란 소스 팬에 소금 1자밤과 물을 넣고 끓을 때까지 가열한다. 완두콩을 넣고 생생한 녹색이 나면서 부드러워질 때까지 2~3분간 데친다. 건져 낸 다음 약간의 올리브 오일, 소금, 후추에 버무린다.

볼 한가운데에 셀러리악 퓌레를 떠서 담고 이어서 소시지, 완두콩, 양파 소스, 약간의 엑스트라 버진 올리브 오일을 담는다.

# BAKED & ROASTED

## 베이킹과 로스팅

### 베이킹과 로스팅에 최적인 생선들

**대구**Cod

**무늬바리**Coral trout

**양태**Flathead

**달고기**John dory

**머레이 대구**Murray cod

**태평양 송어**Ocean trout

**무지개송어**Rainbow trout

**넙치**Turbot

**황새치**Swordfish

결합조직을 분해하기 위해 다양한 부위를 직화로 굽거나 고온의 오븐에 넣어 익히는 육류의 조리법과는 달리 생선을 구울 때는 세심한 주의가 필요하다. 이러한 건열 조리법을 생선에 적용하려면 어종의 선택이 매우 중요하다. 로스팅과 베이킹에 적합한 생선은 날새기cobia, 숭어, 대구, 넙치와 같은 편평어처럼 좋은 지방을 함유하고 있어야 한다.
소금 크러스트와 앙 파피요트en papillote는 퉁돔, 주걱치pearl perch, 도미처럼 조직이 섬세하고 지방이 적은 어종에 적합한데 그 결과물 또한 매우 맛있고 준비하기도 간단하다.

생선을 뼈째 통으로 로스팅할 경우 비어 있는 생선의 복강은 다양하고도 많은 풍미를 더할 수 있는 좋은 여건을 제공한다. 바질, 월계수 잎, 로즈마리, 타임과 같은 향기로운 허브는 맛이 진하고 지방이 풍부한 어종과 완벽하게 어울린다.

생선의 로스팅과 베이킹은 통생선에 한정되면 안 된다. 양태나 달고기 토막, 참치 대가리 등은 모두 지방과 젤라틴이 다량 함유되어 있어 일반 오븐뿐만 아니라 장작 오븐에서도 맛있게 구울 수 있다. 이런 형태의 요리를 할 때 최상의 결과물을 만들려면 반드시 탐침 온도계를 준비해야 하며 굽기 전에 간을 잘 하는 것이 중요하기 때문에 천일염도 잊어서는 안 된다. 받침 망 또한 빠뜨릴 수 없는데 트레이나 팬에서 발생하는 열을 생선이 직접 받지 않도록 하는 역할을 한다. 이로 인해 생선의 주변부로 열이 고르게 대류하면서 생선이 골고루 익는 것이다.

◀ 왼쪽, 뒷장과 212페이지: 곁눈 양태(5일 숙성)

# 원형 생선 로스팅의 핵심 사항

**ROASTED ROUND FISH ESSENTIALS**

생선 로스팅을 제대로 하려면 두 가지 사항을 지켜야 한다. 첫 번째는 가장 중요한 것으로 이 조리법에 최적인 생선을 선택하는 것이다. 다른 하나는 살은 촉촉하게 유지하면서 껍질은 구릿빛에 바삭한 질감을 유지하도록 열을 효과적으로 통제하는 것이다.

## 1.

오븐을 100°C로 예열한다. 베이킹 트레이 안에 받침 망을 올려 놓는다. 작업대에 생선을 올려 놓고 복강을 벌려서 어종과 요리 스타일에 따라 적절한 허브와 향신료를 채운다. 복강과 껍질에 천일염을 뿌려 간을 한다. 생선의 표면에 분유 1작은술을 살짝 뿌린다. 이렇게 하면 표면의 캐러멜화가 더 잘 일어난다.

## 2.

생선의 목덜미를 지지대 삼아 생선을 똑바로 세워서 탐침 온도계에 55°C가 표시될 때까지 오븐에서 35~40분 동안 굽는다. 생선을 꺼낸 다음 8~10분간 휴지시킨다.

## 3.

이제 생선은 요리가 끝난 상태지만 껍질에 노릇한 색을 더 내고 싶다면 오븐의 그릴 또는 샐러맨더를 가장 높은 온도로 예열한 다음 생선을 받침 망에 올려서 2~3분간 더 굽는다. 또는 소스 팬에 카놀라 오일 500ml를 붓고 220°C로 가열한 다음 받침 망에 생선을 올린 상태에서 뜨겁게 달궈진 오일을 조심스럽게 붓는다. 이렇게 하면 생선 껍질에 기포가 생기면서 분유에 포함된 당에 의해 캐러멜화가 진행된다. 껍질에 소금으로 간을 한 다음 차려 낸다.

# 켈프와 소금으로 감싸 익힌 달고기

John Dory Cooked in Kelp & Salt

내가 찾아낸 이 별스럽지 않은 스타일의 요리는 이제 여러분이 다수의 사람들이 함께 먹기에 적당한 뼈가 있는 통생선을 구매할 정도의 능력을 갖추었다면 집에서 충분히 즐길 수 있으리라 생각한다. 두 사람이 나눠 먹을 크기의 달고기든 여섯 명이 나눠 먹을 크기의 머레이 대구든 이 기술을 적용하면 통생선을 소금으로 완전히 감싸서 오븐에 넣고 굽기만 하면 된다.

## 5~6인분

굵은 천일염 1자밤
부숴 놓은 흑후추
내장을 제거한 3kg짜리 달고기 1미
소금 1kg
물 200ml
켈프 또는 옥수수 겉껍질 1묶음

오븐을 220°C로 예열한다.

생선의 복강 내에 천일염과 후추를 뿌린다. 넓은 베이킹 트레이에 소금을 2cm 두께로 간다. 그 위에 생선을 놓고 물을 조금 뿌린다. 켈프 잎을 생선 위에 올린 다음 생선의 껍질과 바닥면을 최대한 감싼다. 남은 소금으로 덮는다. 소금에 물을 조금 더 뿌린다. 이렇게 하면 크러스트를 만들기가 수월하다.

오븐에 넣고 심부 온도가 50°C가 될 때까지 15분간 굽는다. 오븐에서 꺼낸 다음 15분간 휴지시킨다.

윗부분의 크러스트를 깨뜨린다(껍질이 함께 떨어져 나올 수 있다). 살을 분리하려면 스푼으로 척추를 따라 선을 그어서 살을 큼직한 덩어리로 떼어 낸다. 대가리와 꼬리에서 척추를 부러뜨려 제거한 다음 다시 반대쪽 살을 분리한다.

접시에 살을 약 160g씩 나눠 담고 차려 낸다.

## 대체 생선

무늬바리 Coral trout
퉁돔 Snapper
넙치 Turbot

사진은 앞 쪽에.

# 생선 본 메로우(골수)와 하리사, 병아리콩 팬케이크
Roast Fish Bone Marrow, Harissa & Chickpea Pancake

생선 골격(뼈대)은 관리가 잘 되는 대부분의 생선 가게 또는 시장에서 언제든 구할 수 있다. 반드시 물에 담그지 않고 갓 자른 것을 요청해야 한다. 선지는 생생한 붉은 색이어야 하며 뼈는 깨끗하고 광이 나면서 포를 뜨고 남은 살이 싱싱한 상태로 일부 붙어 있어야 하고 어떤 냄새도 나지 않아야 한다. 풍미는 순한 고기 맛이 나지만 양념에 따라 달라진다. 이 독특한 부위를 더욱 특별하게 만드는 것은 바로 질감이다.

## 4인분

황새치 한 마리 분의 척추
굵은 천일염

## 하리사

엑스트라 버진 올리브 오일 250ml
껍질을 벗긴 마늘 2톨
잘게 다진 바나나 샬롯 4개
씨를 빼고 그슬린 홍고추 1개
씨를 빼고 그슬린 다음 껍질을 벗긴 빨간 피망
 4개
덖은 큐민 씨앗 2작은술
덖은 코리앤더 씨앗 1/2작은술
말린 부쉬 토마토 가루 1큰술(선택 사항)
토마토 페이스트(농축 퓌레) 1큰술
생설탕(데메라라) 2큰술
생선 가룸(73쪽 참조) 100ml
굵은 천일염

## 병아리콩 팬케이크

병아리콩(베산) 가루 200g
소금 1작은술 + 간보기용 추가분
부순 흑후추 1/2작은술 + 간보기용 추가분
물 450ml
조리용 기ghee 1큰술

## 스파이스 믹스

큐민 가루 1작은술
덖은 코리앤더 씨앗 가루 1작은술
흑후추 가루 1/2작은술
부쉬 토마토, 수막 또는 훈제 파프리카 가루
 1작은술
굵은 천일염 1작은술

## 대체 생선

대서양 청어Bugfish
만새기Mahi-mahi
참치Tuna

하리사를 만든다. 냄비에 올리브 오일을 두르고 중강불로 가열한 다음 마늘과 샬롯을 넣고 1분간 볶는다. 구운 고추, 피망, 덖은 향신료와 부쉬 토마토를 넣고 향기가 날 때까지 5분간 볶는다. 토마토 페이스트를 넣고 중불에서 3~4분간 볶는다. 설탕을 넣고 5분간 더 볶다가 가룸을 넣고 5분 더 볶는다. 소금으로 간을 한 다음 블렌더에 넣고 매끈한 상태로 갈아준다. 필요시 따뜻한 물을 조금 넣는다. 퓌레를 굵어서 넓은 소스 팬에 붓고 색이 진해지면서 향기가 날 때까지 5~10분간 볶는다. 살균된 밀폐병에 담아 사용할 때까지 냉장고에 보관한다.

팬케이크를 만든다. 기를 제외한 모든 재료를 볼에 담고 매끈한 상태가 될 때까지 저어 섞는다. 밀폐 용기에 옮겨 담고 실온에 24시간 그대로 둔다.

다음날, 반죽이 걸쭉한 크림 상태가 될 때까지 저어 섞는다.

프라이 팬에 기를 넣고 달군다. 팬을 기울여서 여분의 기를 덜어 한쪽에 둔다. 팬에 팬케이크 반죽 100ml를 붓고 반죽이 팬의 바닥에 고르게 퍼지도록 재빨리 원을 그리듯 팬을 회전시킨다. 남겨 둔 기를 팬케이크 위에 조금 올린 다음 후추를 듬뿍 뿌리고 소금으로 간을 한다. 뒤집어서 잠시 익힌다. 조리시간은 3분. 팬케이크를 꺼내고 팬케이크 3개를 더 만든다. 따뜻하게 보관한다.

오븐을 220°C로 예열하고 그릴 또는 샐러맨더 그릴을 점화한다.

모든 스파이스 믹스를 볼에 담고 섞는다.

본 메로우를 만든다. 커다란 칼로 척수가 보이도록 각 척추의 마디를 자른 다음 척수에 스파이스 믹스를 바른다. 베이킹 트레이에 각각의 척수 조각을 파이프 모양으로 세운 다음 오븐에 넣고 색이 나면서 뼈 안에 든 척수가 익을 때까지 6분간 익힌다.

소금을 조금 더 뿌리고 따뜻한 하리사와 팬케이크를 곁들여 차려 낸다.

사진은 219쪽에.

# 새콤달콤한 날개다랑어, 라디키오, 헤이즐넛

Sweet & Sour Albacore, Radicchio & Hazlenuts

이 요리는 내가 애송이 셰프였을 때 시드니에 있는 '피시 페이스'의 메뉴에 처음 올렸던 메뉴 중 하나다. 12년이 지난 지금도 여전히 자랑스러워하는 요리이기도 하다. 황다랑어, 가다랑어, 망치고등어는 모두 훌륭한 대체 어종이다.

## 6인분

손질한 날개다랑어 등살 가운데 부위 600g
올리브 오일 60ml
한 입 크기로 뜯어 놓은 화이트 라디키오 1통
굵은 천일염, 갓 부숴 놓은 흑후추
구운 헤이즐넛 3큰술

### 새콤달콤한 커런트 소스

엑스트라 버진 올리브 오일 120ml
잘게 다진 프렌치 샬롯 150g
화이트와인 150ml
화이트와인 비니거 375ml
물 150ml
매우 고운 설탕 75g
말린 커런트 125g
굵은 천일염, 갓 부숴 놓은 흑후추

오븐을 가능한한 가장 낮은 온도로 예열한다.

새콤달콤한 소스를 만든다. 소스 팬에 올리브 오일을 두르고 달군 다음 샬롯을 넣고 노릇한 색이 날 때까지 약불에서 15분간 축축하게 볶는다. 와인, 비니거, 물, 설탕, 커런트, 약간의 소금과 후추를 넣고 소스가 걸쭉한 시럽의 농도가 나면서 샬롯이 매우 부드러워질 때까지 4분간 팔팔 끓인다. 225ml 정도의 소스를 확보해야 한다. 식혀서 사용할 때까지 차갑게 보관한다.

날개다랑어 등살을 같은 크기의 판형으로 4등분한 다음 뚜껑을 덮지 않은 채 냉장고에 넣어 차게 식힌다.

날개다랑어를 구울 때 받침 역할을 하도록 베이킹 트레이 안에 받침 망을 놓는다.

작은 칼로 유산지를 받침 망에 딱 맞는 크기로 잘라서 깐 다음 생선을 익힐 때 생기는 즙이 빠질 수 있을 정도의 구멍을 뚫어준다. 준비된 받침 망에 생선을 올려서 오븐에 넣는다. 조리가 진행되는 동안 오븐의 온도는 90~100°C가 유지되어야 한다. 오븐이 너무 뜨겁게 느껴진다면 집게나 나무 스푼을 오븐 문에 끼워 살짝 열어 둔다. 탐침 온도계를 꽂았을 때 생선의 심부 온도는 40°C가 되어야 한다. 이상적으로는, 생선 살이 거의 날것처럼 보이지만 천천히 익힌 질감이 나야 한다(여기서 주의해야 할 것은 날개다랑어의 경우 안타깝게도 조리가 진행되는 동안 매우 빨리 메마른다는 점이다).

생선을 익히는 동안, 프라이팬에 올리브 오일을 두르고 가열한 다음 라디키오 잎을 넣고 센불로 볶는다. 소금으로 간을 하고 라디키오 잎에 기포가 생기면서 숨이 죽으면 구운 헤이즐넛을 넣고 새콤달콤한 소스를 넉넉하게 4큰술 정도 넣는다. 따뜻하게 보관한다.

날개다랑어를 잠시 휴지시킨 다음 1조각당 3등분으로 슬라이스한다. 올리브 오일을 바르고 소금, 후추로 간을 한 다음 새콤달콤하게 맛을 낸 라디키오와 헤이즐넛 위에 접어 올린다.

**대체 생선**

가다랑어 Bonite
고등어 Mackerel
참치 Tuna

# 생선 소시지 롤

**Fish Sausage Roll**

내가 다녔던 공립 학교인 이스트 매이트랜드East Maitland는 소시지롤 맛집이었는데 특히 딱 좋을 정도의 양념과 패스트리 특유의 유지와
바삭함이 인상 깊었다. 뭘로 만들었는지 100% 확신할 순 없지만 생선을 넣어서 꼭 재현해보고 싶었다. 우리 레스토랑에서는 토종 부쉬
토마토로 만든 토마토 소스를 곁들여 제공하지만 무엇을 곁들이든 그 이상을 맛볼 수 있다.

## 8인분

사각 패스트리 시트 4장
흩뿌릴 밀가루(다목적)

### 필링

태평양 송어 또는 바다 송어 뱃살 375g
싱싱한 가리비 살 75g
도미, 양태, 명태와 같은 흰살생선 살 500g
강판에 갈아 놓은 양파 1개
소금 1작은술
흰후추 가루 1 3/4
펜넬 씨앗 가루 1 3/4
갓 갈아 놓은 넛멕
다진 이탈리아 파슬리 15g

### 달걀물

달걀 2개
노른자 1개
흰참깨 1작은술
굵은 천일염

시작하기 전에 생선 퓌레를 만들 푸드프로세서의 모든 부속을 차게 식힌다. 볼 하나 가득 얼음을 준비한다.
푸드프로세서가 차게 식으면 송어, 가리비, 흰살생선을 각각 갈아서 매끄러운 페이스트 상태로 만든다. 생선
퓌레를 모두 모아 나머지 재료를 넣고 간을 한 다음 얼음을 채운 볼에 올려 차게 보관한다.

볼에 달걀물 재료를 모두 넣고 섞는다. 작업대 위에 밀가루를 흩뿌린 다음 패스트리 시트를 펼쳐 놓고 그 위에
생선 퓌레를 원통 모양으로 올려 놓는다. 패스트리 둘레에 달걀물을 듬뿍 바른 다음 소시지롤 모양으로 돌돌
말아준다. 양쪽 끝을 접어서 여미거나 종단이 드러나도록 자른다. 소시지롤에 달걀물을 바른 다음 차가운
곳에서 30분간 굳힌다.

그동안 오븐을 200°C로 예열한다. 소시지롤에 달걀물을 한 번 더 바르고 소금을 뿌린다. 패스트리가
황갈색으로 변하면서 필링이 뜨거울 때(꼬치로 찔렀다가 빼서 만졌을 때)까지 15분간 굽는다. 케첩과 함께 차려
낸다.

**대체 생선**

북극 곤들매기Arctic char
민대구Hake
연어Salmon

# 냄비 구이 곁눈양태와 알, 흑마늘과 후추

Pot Roasted Rock Flathead & its Roe, Black Garlic & Pepper

이 요리는 내가 시드니에 있는 '피시 페이스'에 재직하던 시절을 떠올리며 영감을 얻은 요리다. 달고기, 거울도리 또는 머레이 대구는 모두 양태를 대신해서 이 요리의 주연을 맡길 수 있는 훌륭한 생선들이다. 하지만 곁눈양태에는 절대 지나칠 수 없는 특별함이 있는데 껍질은 끈적거리고 알은 달콤하며 살은 흑마늘의 진한 캐러멜 풍미가 두드러진다는 점이다.

## 2인분

뼈를 제거하지 않은 곁눈양태 300g짜리 2개
굵직하게 다진 버터 100g
거칠게 부순 검은 통후추 2큰술
흑마늘 8톨
알주머니에서 긁어낸 양태 알 2큰술
갈색 생선 육수(가급적 곁눈양태의 것, 67쪽
　참조) 200ml
레몬즙
굵은 천일염
시금치 잎 250g

양태의 잔가시는 포를 뜰 필요 없이 복강을 열면 쉽게 제거할 수 있는데 대가리에 가까운 앞쪽 2분체의 척추 양쪽을 따라 절개한 다음 족집게로 뽑아내면 된다

오븐을 200°C로 예열한다.

커다란 주물 프라이팬에 버터와 후추를 넣고 중불에서 거품이 생기기 시작할 때까지 가열한다. 생선의 껍질이 아래로 향하도록 넣고 껍질 전체에 버터를 입힌다. 이때 껍질에 색을 내면 안 된다. 흑마늘과 양태 알을 넣는다. 배가 팬 바닥을 향하도록 생선을 뒤집는다. 육수를 붓고 끓을 때까지 가열한다. 알루미늄 포일을 덮어서 오븐에 넣고 4분 정도 익힌다.

배가 위로 향하도록 뒤집어서 다시 오븐에 넣고 4분간 익힌 다음 오븐에서 꺼낸다. 생선을 다시 뒤집어서 접시에 올려 놓고 휴지시킨다.

생선을 익혔던 팬을 다시 중불로 가열한 다음 남아 있는 즙이 매우 걸쭉해지면서 윤기가 날 때까지 졸인다. 필요시 약간의 레몬즙과 소금 간을 한다. 시금치를 넣고 30초간 숨을 죽인다. 차려 낼 때는 시금치를 생선 아래에 깔고 생선 위에 걸쭉한 마늘, 알 소스를 떠서 부어준다.

**대체 생선**

달고기John dory
꼬마달재Gurnard
넙치Turbot

# 피시 웰링턴

Fish Wellington

우리 가족에게 비프 웰링턴은 특별한 날에만 먹는 호화로운 요리였다. 피시 웰링턴을 시도하게 된 아이디어는 러시아의 전통 생선 파이인 쿨리비악coulibiac을 만드는 방식에서 비롯되었다. 이 요리는 식탁에서 존재감을 뽐낼 수 있는 생선 요리로 고도의 테크닉과 재능뿐만 아니라 가족에 대한 지고한 사랑과 너그러움을 그대로 드러낸다.

## 6인분

껍질과 잔가시를 제거한 태평양 송어 또는
　바다 송어 필렛 1장
김 4장
시판 퍼프 페이스트리 시트 500g
뿌려줄 밀가루(다목적)

### 버섯과 렌틸 퓌레

기ghee 150g
굵직하게 다진 주름 버섯 1kg
굵직하게 다진 버터 100g
잘게 다진 양파 1개
잘게 다진 마늘 6톨
잘게 다진 타임 1/2큰술
굵은 천일염
익혀서 물기를 뺀 검은 렌틸 125g

### 달걀물

달걀 2개
노른자 1개
하얀 참깨 1큰술
굵은 천일염

버섯과 렌틸 퓌레를 만든다. 커다란 냄비에 기 75g을 넣고 중불로 가열한 다음 버섯을 두 번에 나눠서 넣고 각각 노릇한 색이 날 때까지 10~12분간 볶아서 별도의 용기에 덜어 낸다. 볶은 버섯을 모두 냄비에 다시 넣고 센불에 올린다. 버터, 양파, 마늘, 타임을 넣고 각각의 재료들이 부드러워지면서 버섯에 수분이 없어질 때까지 10분 정도 볶는다. 소금으로 간을 한 다음 푸드프로세서에 넣고 잠깐씩 갈아 잘게 다진다. 버섯 믹스에 남아 있는 기름과 수분을 걸러서 버리고 렌틸을 넣어 잘 섞은 다음 식힌다.

송어 필렛을 절반으로 자른 다음 꼬리 쪽 절반을 나머지 절반 위에 올린다. 등살 쪽과 뱃살 쪽이 일직선이 되도록 맞춰 매끄러운 모양새를 잡아준다.

큼직하게 사각으로 자른 비닐 랩을 작업대에 깔고 그 위에 김을 서로 겹쳐지도록 깔아서 정사각형 모양으로 만든다. 버섯과 렌틸 퓌레를 떠서 김 위에 펴 바른다. 그 위에 필렛을 놓고 김과 버섯 퓌레가 필렛 위에 덮이도록 랩을 들어서 감싼 다음 통나무 모양으로 만든다. 퓌레가 필렛 위에 빈틈없이 덮여야 한다. 비닐 랩의 양 끝을 묶어서 밤새 차가운 곳에 둔다.

다음날, 볼에 달걀물의 재료를 모두 넣고 섞는다. 작업대에 밀가루를 살짝 뿌리고 매우 차가운 상태의 페이스트리 시트를 커다란 송어의 크기보다 더 큰 사각형 모양으로 밀어 편다.

바깥쪽 비닐 랩부터 조심스럽게 벗겨 낸 다음 준비된 페이스트리 한가운데에 송어를 올려 놓는다. 페이스트리의 모든 면에 달걀물을 바르고 송어 위로 말아 올려서 여민다. 여분의 페이스트리를 잘라 낸 다음 달걀물을 바른다. 최소 1시간 가량 냉장고에 넣어둔다.

오븐을 220°C로 예열한다. 웰링턴에 달걀물을 더 바르고 소금을 살짝 뿌린다. 오븐에 넣고 페이스트리에 갈색이 나면서 심부 온도가 48°C가 될 때까지 20~25분간 굽는다.

10분간 휴지시킨 다음 웰링턴을 6등분 한다. 아삭한 샐러드와 함께 차려 낸다.

### 대체 생선

무늬바리Coral trout
무지개송어Rainbow trout
연어Salmon

# 날새기 크리스마스 햄

Glazed Cobia Christmas Ham

내가 만든 요리를 통틀어 가장 흥미로운 것 중 하나다. 아마도 '세인트 피터'를 오픈한 첫해였을 듯한데 당시 나는 '생선으로 크리스마스 햄을 만들 수 있을까? 그리고 그 햄이 맛있기까지 하다면 얼마나 좋을까?'하고 상상의 나래를 폈다. 처음으로 만든 햄은 미적으로는 봐줄 만 했지만 껍질이 너무 두꺼운 문제가 있었고 맛에서는 내가 원했던 훈연 향이 났지만 크리스마스 햄에 잘 어울리는 양념이 부족했다. 우리는 포기하지 않고 다음 해에 다시 시도했으며 이번에는 다양한 종의 생선으로 더 큰 성공을 거두게 되었다.

## 10~12인분

날새기 또는 가장 좋은 대체 생선인 황새치,
   무늬바리 4kg짜리 1미
정향 24개
히코리 또는 체리 나무 칩 100g

### 염지제(120g/생선 1kg)

매우 고운 설탕 40g
고운 소금 80g
정향 가루 1작은술
타임 잎 15g
질산염 1/4작은술
구워서 부순 흑후추 1큰술
잘게 다진 생월계수 잎 1장

### 글레이즈 스파이스 믹스

시나몬 가루 100g
정향 가루 1/2작은술
팔각 가루 1/2작은술
올스파이스 가루 1작은술

### 글레이즈

꿀 180g
레드와인 비니거 360ml
글레이즈 스파이스 믹스 1큰술
디종 머스터드 1큰술

이 특별한 레시피에는 생선의 아래쪽 2분체를 사용하는 것이 좋다. 살에 잔가시가 없도록 생선의 항문 바로 아래쪽을 잘라 달라고 요청하는 것이다. 나머지 2분체 또한 염지를 하거나 별도의 부위로 사용하면 된다.

염지하는 생선의 크기를 결정해야 염지제의 양도 계산할 수 있다. 깨끗한 볼에 염지제 재료를 모두 넣고 섞는다. 일회용 장갑을 착용하고 생선이 완전히 덮이도록 염지제를 문질러 바른다. 유산지를 깐 스테인리스 트레이 또는 플라스틱 용기에 생선을 담는다. 유산지로 덮어서 매일 뒤집어 주며 냉장고에서 5일간 염지한다. 교차 오염을 막기 위해 매번 일회용 장갑을 착용한다.

염지가 완료되면 트레이에서 꺼낸 다음 생선을 헹궈서 종이 타월로 물기를 닦아 말린다. 날카로운 칼로 생선의 껍질에 크리스마스 햄의 무늬처럼 칼집을 내고 칼집의 교차점마다 정향을 끼워 넣는다.

햄을 훈연한다. 오븐을 사용한다면 가장 낮은 온도로 설정한다. 주방은 환기가 잘 되어야 함을 명심하자. 물에 담가 두었던 훈연용 칩을 소스 팬에 깐다. 칩에 불을 붙이고 연기가 오븐 내부에 가득 차게 만든다. 생선을 고리에 걸거나 받침 망을 올린 트레이에 올려서 오븐에 넣고 심부 온도가 40°C가 될 때까지 2시간 정도 훈연한다. 휴지시킨 다음 하룻밤 냉장고에 넣어둔다.

글레이즈 스파이스 믹스의 모든 재료를 잘 혼합해서 사용할 때까지 밀폐용기에 보관한다.

소스 팬에 글레이즈 재료를 모두 넣고 중강불에서 끓을 때까지 가열한 다음 절반으로 졸아들 때까지 30분간 끓인다(너무 많이 졸이면 쓴 맛이 두드러지므로 주의하자). 실온에 보관한다.

오븐을 200°C로 예열한다.

생선의 표면에 글레이즈를 바른다. 커다란 스테인리스 트레이에 받침 망을 올리고 그 위에 생선을 올린 다음 오븐에서 20분간 익힌다. 오븐에서 꺼낸 다음 다시 글레이즈를 바른다. 껍질이 부드러워지면서 색이 나기 시작한다. 껍질에 윤기가 나면서 가장자리가 바삭해질 때까지 15분 더 익힌다. 생선은 뼈까지 온기가 전달된 상태이며 즉시 썰어서 차려 낼 수 있다.

좋아하는 샐러드, 소스, 채소 등과 함께 차려 낸다.

### 대체 생선

달고기 John dory
만새기 Mahi-mahi
야생 삼치 Wild kingfish

사진은 다음 쪽에.

# 알감자 구이

Roetato Bake

내게는 이 요리가 메인 코스와 함께 나가는 곁들임에 가까우며 다양한 종의 생선알에 사워크림, 차이브로 맛을 낼 수 있는 도화지와도 같다.

**4인분**

2~3mm 두께로 슬라이스한 중간 크기의 분질
    감자deriree 4개
녹여서 따뜻한 상태의 기ghee 240g
거울 도리 또는 달고기의 알집에서 긁어낸 알
    400g
마조람 잎 2큰술
굵은 천일염과 갓 부숴 놓은 흑후추
잘게 다진 큼직한 바나나 샬롯 3개
사워크림 150g
잘게 다진 차이브 2다발
손질한 성게소 100g
연어알 100g

오븐을 200℃로 예열한다.

커다란 볼에 감자 슬라이스와 녹인 기를 넣고 감자에 기가 골고루 묻을 수 있도록 섞는다. 거울 도리 또는 달고기 알, 마조람, 소금을 넣고 감자에 골고루 입혀질 때까지 섞는다.

달걀 프라이용 팬 또는 큼직한 머핀 틀에 감자를 층층이 쌓는다. 팬 바닥에 빙 둘러서 깔고 반대 방향으로 다시 깐다. 팬에 감자가 가득 차면 층을 두 번 더 쌓아 올린다. 감자가 익으면서 부피가 줄어들기 때문이다. 맨 위에 유산지를 깔고 감자가 부드러워질 때까지 오븐에서 25~39분간 굽는다.

감자를 꺼낸 다음 여열이 조리를 끝내도록 10분간 그대로 두었다가 따뜻하게 데워진 접시에 뒤집어 꺼낸다. 감자가 따뜻할 때 다진 샬롯을 떠서 얹고 사워크림을 넉넉하게 떠서 올린다. 맨 위에 다진 차이브를 듬뿍 올린 다음 후추와 소금을 흩뿌린다. 사워크림 주변에 성게소 3~4개와 연어알 한 스푼을 올려서 차려낸다.

**대체 생선**

민대구Hake
도치Lumpfish
넙치Turbot

# 뜨거운 훈제 생선 터더킨

Hot Smoked Fish Turducken

펼쳐서 포 뜨기는 결국 생선가게에 맡기고 말겠지만 실제로는 뼈 바르기가 이 요리에서 유일하게 가장 어렵고 중요한 과정이다. 이 요리가 등장하면 모두 환호성을 지를 것이다. 특별한 날을 위해 준비해 보자.

## 12인분

뼈를 제거하고 대가리와 꼬리를 남긴 채
  펼쳐서 포를 뜬 태평양 송어 또는 바다 송어
  2kg
뼈를 제거하고 펼쳐서 포를 뜬 머레이 대구 1kg
손질한 황다랑어 등살 1kg
물에 담근 아이언 바크(유칼립투스와 비슷한
  수종의 나무 서너 종을 일반적으로 일컫는
  말-역주)또는 경질목 칩

## 염지액

고운 소금 400g
차가운 물 8L

커다란 용기에 물과 소금을 넣고 소금이 완전히 녹을 때까지 저어 섞는다. 별도의 용기에 생선을 담고 염지액을 붓는다. 하룻밤 그대로 둔다.

다음날, 종이 타월로 생선의 물기를 닦아 완전히 말린다. 송어의 복강이 보이고 꼬리 쪽이 여러분의 몸 쪽에 최대한 가깝도록 놓고 그 위에 같은 방식으로 대구를 올려 놓은 다음 황다랑어를 대구의 가운데에 올려 놓는다. 생선이 제 위치를 유지하도록 주방용 실로 묶어서 벌어진 복강을 매끄럽게 여민다.

오븐을 가장 낮은 온도로 설정한다. 주방은 환기가 잘 되는 상태로 유지한다. 물에 담가 두었던 훈연용 칩을 소스 팬에 깐다. 칩에 불을 붙이고 연기가 오븐 내부에 가득차게 만든다. 받침 망을 올린 트레이에 생선을 올려서 오븐에 넣고 심부 온도가 40℃가 될 때까지 2시간 정도 훈연한다. 휴지시킨 다음 하룻밤 냉장고에 넣어둔다.

차가운 상태로 차려 내거나 오일을 바르고 소금을 뿌린 다음 240℃로 예열된 오븐에 넣고 껍질이 바삭해질 때까지 10분간 구웠다가 휴지 후 썰어서 뜨거운 상태로 차려 낸다.

### 대체 생선

민대구 Hake
무지개송어 Rainbow trout
연어 Salmon

사진은 다음 쪽에.

# 생선 파티 파이

Fish Part-y Pie

이 앙증맞은 파이는 어릴적 파티 파이를 먹었을 때의 맛있었던 기억과 그 시절의 향수를 생선 한 마리의 잠재력에 실어 그대로 요리에 담고자 했던 노력의 결과물이다.

## 4인분

### 소스

버터 50g

밀가루(다목적) 50g

뜨거운 갈색 생선 육수(가급적 달고기로 만든 것, 67쪽 참조) 550ml

굵은 천일염, 갓 부숴 놓은 흑후추

알집에서 긁어낸 달고기 알 100g

껍질을 벗겨서 3cm 크기로 썰어 놓은 달고기 필렛 200g

퍼프 페이스트리 시트 2장

뿌려줄 밀가루(다목적)

### 필링

기ghee 6g

달고기 간 80g

다진 리크 1개

잘게 다진 타라곤 1큰술

마이크로플레인에 갈아 놓은 자그마한 훈제 생선 염통 1개(74쪽 참조)

마이크로플레인에 갈아 놓은 자그마한 훈제 생선 지라 1개(74쪽 참조)

### 달걀 물

달걀 2개

노른자 1개

소스부터 만든다. 바닥이 두꺼운 팬에 버터를 넣고 중불에서 녹인다. 밀가루를 넣고 루roux가 될 때까지 5분간 저어주면서 볶는다. 육수를 세 번에 나누어 조금씩 부어주면서 완전히 혼합되도록 저어준다. 뭉쳐진 밀가루는 건져낸다. 너무 걸쭉하면 육수를 조금 더 넣는다. 육수를 모두 붓고 바닥에 눌어붙지 않도록 천천히 저어주면서 8~10분 더 가열한다. 알을 넣고 알갱이가 소스에 골고루 퍼지도록 저어준다. 불에서 내린 다음 달고기 살을 넣고 피막이 생기지 않도록 표면에 유산지를 덮는다.

필링을 만든다. 프라이팬에 기를 넣고 센불로 달군 다음 생선 간을 넣고 양면이 캐러멜화 될 때까지 1분간 지진다. 종이 타월에 올려 기름을 뺀다.

같은 프라이팬, 같은 화력, 같은 기에 리크를 넣고 부드러워질 때까지 6분간 볶는다. 약간의 소금 간을 한 다음 미리 익혀 두었던 간에 옮겨 담는다. 간을 가로세로 3cm 크기의 조각으로 잘라서 소스에 넣는다. 익힌 리크, 타라곤, 훈제 생선 내장을 넣어서 간을 한 다음 냉장고에 보관한다.

달걀 물 재료를 혼합한다. 지름 7.5cm 정도의 기본 머핀 틀에 페이스트리가 붙지 않도록 오일 스프레이를 살짝 뿌린다. 밀가루를 뿌린 작업대에 페이스트리를 펼쳐서 지름 12cm의 링 커터로 찍어 시트 한 장당 원판 4개를 만든다. 각각의 원판을 머핀 틀에 깔아준다.

8cm 링커터로 나머지 페이스트리 시트를 찍어 뚜껑으로 사용할 원판 4개를 만든다. 각각의 파이 바닥에 필링을 2큰술씩 떠서 담고 페이스트리 가장자리에 달걀 물을 바른 다음 페이스트리 뚜껑에 한쪽 면에도 달걀 물을 바른다. 달걀 물을 바른 면이 필링 쪽으로 향하도록 필링 위에 씌워 덮는다. 손가락으로 반죽을 집어 여미거나 포크로 가장자리를 눌러 여민다. 윗 면에 달걀 물을 바른 다음 최소 30분간 냉장고에 넣어둔다.

오븐을 200°C로 예열한다. 달걀 물을 한 번 더 발라준 다음 페이스트리에 황갈색이 나고 필링이 뜨거워질 때까지 오븐에서 12~15분간 굽는다.

좋아하는 양념류(나는 언제나 머스터드 또는 토마토 처트니를 선택한다)와 함께 뜨거운 상태로 차려 낸다.

### 대체 생선

무늬 바리Coral trout

민대구Hake

주걱치Pearl peroh

# 바닐라 치즈 케이크, 달고기 알 비스킷, 라즈베리와 라임

Vanilla Cheesecake, John Dory Roe Biscuit, Raspberries & Lime

나는 '세인트 피터'의 메뉴에 올릴 디저트를 생각할 때마다 생선을 활용할 수 있는 방법을 모색하곤 한다. 한 방 먹이기 위함이 아니라 요리의 궁극적인 목적이라 할 '맛있음'에 대한 가능성을 엿보기 때문이다. 이러한 가능성 중 하나는 이 치즈 케이크를 만들 때 생선알을 기존의 비스킷 부스러기에 넣어 맛과 질감을 추가함으로써 실현되었다. 이 비스킷은 형언하기 힘들지만 약간 짭조름하면서도 감칠맛이 나고 무엇보다 맛있었다. 그리고 디저트에도 생선을 사용하리라는 발상에 대한 강력한 촉매제가 되었다.

## 6인분

### 치즈케이크
판 젤라틴 6g
싱글 크림 165ml(유지방 함량 35% 이하)
크림치즈 115g
매우 고운 설탕 50g
반으로 갈라 씨를 긁어 낸 바닐라 빈 2개
바닐라 추출액 1/2작은술
더블/헤비 크림 165ml(유지방 함량 35% 이상)
사워크림 110g

### 달고기 알 비스킷
밀가루(다목적) 100g
아몬드 가루 150g
매우 고운 설탕 100g
꿀 50g
무염버터 100g
존도리 알 100g

### 장식
라즈베리 600g
과당fructose 2큰술
버주스 50ml
달고기 알 비스킷 6큰술
굵은 천일염 1/2작은술
엑스트라 버진 올리브 오일 2큰술
라임 1개 분량의 라임즙

치즈케이크부터 만든다. 500ml 용량의 테린 용기에 유산지를 깐다. 차가운 물에 젤라틴을 넣고 5분간 불린다. 작은 냄비에 싱글 크림 65ml를 붓고 60~65℃가 될 때까지 천천히 데운다. 불에서 내린 다음 불린 젤라틴을 짜서 따뜻하게 데운 크림에 넣는다. 젤라틴이 완전히 녹을 때까지 저어주면서 섞는다. 따뜻하게 보관한다.

패들을 부착한 스탠드 믹서에 크림치즈를 넣고 부드러워질 때까지 5분간 친다. 설탕, 바닐라 씨를 넣고 혼합한 다음 젤라틴을 녹여 넣은 크림, 바닐라 추출액, 남아 있는 싱글 크림 100ml를 넣고 매끈한 상태가 될 때까지 혼합한다.

볼에 더블크림과 사워크림을 넣고 봉긋한 봉우리가 생길 때까지 휘핑한 다음 치즈케이크 믹스에 살살 섞어 넣는다. 준비된 테린 용기에 붓고 최소 3시간 또는 밤새 냉장고에 넣어 둔다.

그동안 비스킷을 만든다. 오븐을 150℃로 예열한다. 스탠드 믹서에 패들을 부착하고 보슬보슬한 부스러기 상태가 될 때까지 모든 재료를 혼합한다. 이렇게 만든 성긴 반죽을 두 장의 유산지 사이에 넣고 밀어 편 다음 베이킹 시트에 옮겨 담아 황갈색이 날 때까지 오븐에서 20분간 굽는다. 그대로 식힌 다음 비스킷을 깨뜨려 부스러기로 만들어서 한쪽에 둔다.

장식으로 쓸 라즈베리 300g, 과당, 버주스를 내열 볼에 담고 비닐 랩을 씌워서 중탕으로 가열한다. 라즈베리가 물러질 때까지 15분 정도 그대로 둔 다음 걸러서 과일은 따로 보관하고 즙은 사용할 때까지 차갑게 보관한다.

뜨겁게 데운 칼로 치즈 케이크를 잘라 접시에 옮겨 담는다. 볼에 남겨둔 생 라즈베리, 식힌 즙을 넣고 버무린다. 각각의 접시에 라즈베리와 즙 1~2큰술을 떠서 담는다. 생선알 비스킷을 넉넉하게 떠서 담고 소금 1자밤, 올리브 오일 1작은술, 라임즙을 뿌린다.

사진은 다음 쪽에.

# 생선 지방을 넣어 만든 초콜릿 캐러멜 슬라이스

Fish Fat Chocolate Caramel Slice

이 요리는 2017년 마시모 보투라Massimo Bottura와 함께 한 오즈하베스트(OzHarvest: 2004년 11월에 설립된 호주의 자원봉사단체로 호주를 대표하는 식품 구호 기관이다. 좋은 음식을 낭비하지 않고 이를 적극적으로 활용하여 빈민을 구호하고 나아가 국가적 손실을 막고자 하는 목적의식을 표방하고 있다.-역주) 디너에서 버려지는 생선의 부산물도 맛있는 디저트가 될 수 있음을 보여주기 위해 만든 것이다. 레시피는 나와 아내인 줄리 닐란드Julie Niland, '세인트 피터'의 셰프였던 알라나 사프웰Alanna Sapwell이 함께 만들었다. 말도 못하게 맛있으면서도 세계 최고 요리사가 인정할 만한 디저트를 만들기 위해 생각에 생각을 더해야 했다.

## 16인분

### 초콜릿 베이스

부드러운 상태의 버터 190g
매우 고운 설탕 215g
코코아 파우더 1큰술
달걀 노른자 105g
달걀 전란 75g
녹인 다크 초콜릿(코코아 고형분 70% 이상)
 225g
달걀 흰자 340g

### 초콜릿 커스터드

무염버터 235g
작은 조각으로 부숴 놓은 다크 초콜릿(코코아
 고형분 70% 이상) 345g
달걀 6개
매우 고운 설탕 210g

### 초콜릿 글레이즈

티타늄 등급 판 젤라틴 8장
매우 차가운 물 500ml
물 140ml
매우 고운 설탕 180g
싱글 크림(유지방 35% 이하) 120g
고품질 고농도 코코아 파우더 60g
발로나 중성 글레이즈(온라인으로 구입할 수
 있음) 100g

초콜릿 베이스를 만든다. 오븐을 170°C로 예열한다. 가로세로 30×20cm 크기의 베이킹 트레이 두 개에 유산지를 깐다.

스탠드 믹서에 패들을 부착하고 볼에 버터, 설탕 90g, 코코아 파우더를 넣는다. 설탕이 완전히 녹으면서 버터가 하얗게 변할 때까지 작동시킨다. 중속으로 바꾼 다음 달걀 노른자와 전란을 세 번에 걸쳐 조금씩 넣어 섞는다. 이때 매번 분리되지 않도록 완전히 혼합하는 것이 중요하다. 믹서를 멈추고 녹인 초콜릿을 넣는다. 다시 믹서를 작동시킨 다음 중속까지 점점 속도를 올리면서 버터 믹스와 초콜릿이 완전히 혼합될 때까지 섞는다.

별도의 볼에 달걀 흰자와 남은 설탕 125g을 넣고 뾰족한 봉우리가 올라올 때까지 4분간 거품을 낸 다음 초콜릿 베이스에 살살 섞어 넣는다. 준비된 베이킹 트레이에 초콜릿 믹스를 펼쳐 바른 다음 오븐에 넣고 케이크가 적당히 굳어 꼬치로 찔렀을 때 반죽이 묻어나오지 않을 때까지 20분간 굽는다. 1시간 동안 식힌다.

커스터드를 만든다. 오븐을 170°C로 예열한다. 가로세로 30×20cm 크기의 베이킹 트레이에 유산지를 깐다.

내열 볼에 버터와 초콜릿을 넣고 중탕으로 녹인다. 볼 바닥이 끓는 물에 직접 닿지 않아야 한다. 완전히 녹은 다음 잘 섞어준다.

스탠드 믹서에 달걀과 설탕을 넣고 설탕이 완전히 녹을 때까지 작동시킨다. 녹인 초콜릿을 달걀 믹스에 섞어 넣고 준비된 베이킹 트레이에 붓는다. 반죽이 들어 있는 베이킹 트레이를 더 큰 베이킹 트레이나 로스팅 팬에 올려 놓은 다음 반죽이 들어 있는 베이킹 트레이의 바깥쪽 절반 높이까지 뜨거운 물을 채운다. 큰 베이킹 트레이 전체를 알루미늄 포일로 덮고 완전히 여며서 커스터드가 굳을 때까지 40분간 굽는다.

오븐에서 꺼낸 다음 포일을 벗긴다. 커스터드가 제대로 굳지 않았다면 트레이째 뜨거운 물 속에 그대로 둔다. 냉장고에 넣어 밤새 차게 식힌다.

케이크를 완성한다. 도마에 케이크 베이스를 올려 놓고 그 위에 커스터드를 뒤집어 올린다. 커스터드 트레이를 분리한 다음 케이크와 커스터드가 밀착되어 붙도록 눌러준다. 커스터드의 유산지를 떼어낸 다음 날카로운 칼로 케이크를 길이 10cm, 너비 4~5cm 크기의 사각 통 모양으로 자른다. 잘라 놓은 케이크를 받침 망에 올려 1시간 정도 식힌다.

그동안 글레이즈를 만든다. 차가운 물에 젤라틴을 넣고 15분간 불린다. 소스 팬에 물, 설탕, 크림을 넣고 끓을 때까지 가열한 다음 코코아 가루를 넣고 잘 섞는다.

다른 냄비에 중성 글레이즈를 넣고 약불로 녹인다. 중성 글레이즈를 습식 믹스(끓인 크림 믹스)에 넣고 5분간 끓인다. 불에서 내린 다음 불린 젤라틴을 넣는다. 젤라틴이 완전히 녹을 때까지 섞은 다음 즉시 사용하지 않을 경우 따뜻한 곳에 보관한다. 글레이즈의 온도는 35°C가 유지되어야 한다.

잘라 놓은 케이크에 글레이즈를 붓고 받침 망에 올린 채로 1시간 동안 식힌다. 글레이즈가 굳으면 바닥에 붙어 있는 글레이즈를 정리하고 밀폐 용기에 담아 사용할 때까지 차가운 곳에 보관한다.

**생선 지방 솔티드 캐러멜**

생선 지방(날새기 또는 머레이 대구) 125g

매우 고운 설탕 500g

더블/헤비 크림(유지방 함량 35% 이상) 250g

길게 반으로 갈라서 씨를 긁어낸 바닐라 빈
　2개

액상 글루코스 75g

버터 200g

굵은 천일염 1/2작은술

**완성하기**

글레이즈를 입힌 초콜릿 케이크 4개

생선 지방 솔티드 캐러멜 4개

볶은 펜넬 씨앗 1큰술

캐러멜화 한 생선 비늘 2큰술(69쪽 참조)

굵은 천일염

사워크림 120g

캐러멜을 만든다. 먼저 가로세로 30×20cm 크기의 베이킹 트레이에 유산지를 깐다.

소스 팬에 지방을 넣고 액화될 때까지 약불에서 10~12분간 녹인다. 따뜻하게 유지한다.

설탕 250g, 크림, 바닐라 빈 꼬투리와 씨를 소스 팬에 넣고 설탕이 녹을 때까지 약불에서 5분간 데운 다음 차게 식힌다.

바닥이 두꺼운 냄비에 설탕 250g과 액상 글루코스를 넣고 설탕이 완전히 녹을 때까지 중불에서 젓지 않고 10분간 가열한다. 원하는 색의 캐러멜이 될 때까지 계속 가열하다가 바닐라 크림을 세 번에 나누어 넣는다. 분리되지 않도록 주의하면서 재빨리 끓인다. 128℃가 될 때까지 끓인 다음 불에서 내린다. 버터, 지방, 소금을 넣고 거품기로 휘저어 섞는다. 준비된 베이킹 트레이에 캐러멜이 5mm 두께의 얇은 층을 이루도록 붓는다. 실온에서 2시간 정도 완전히 식힌다. 밤새 식혀 굳힌다.

다음날, 도마에 캐러멜을 빼낸 다음 매우 뜨겁게 데운 날카로운 칼로 10×2cm 크기로 자른다. 밀폐용기에 담아 사용할 때까지 차갑게 보관한다.

작업대에 글레이즈를 입힌 초콜릿 바 4개를 올려 놓는다. 캐러멜을 초콜릿 바 중앙에 올려 놓고 펜넬 씨앗 6~7개, 캐러멜화 한 생선 비늘 6~7개, 약간의 소금을 올려 놓는다. 짤주머니에 홈이 나 있는 깍지를 끼우고 사워크림을 채운 다음 캐러멜 양 옆을 따라 짜준다. 캐러멜과 초콜릿의 가장자리 사이에 2cm 정도의 간격이 있어야 한다. 실온 상태로 차려낸다.

# APPENDIX

# 부록

## 상업용 건식 숙성에 관하여

생선을 더 좋은 조건에서 저장하고 나아가 건식 숙성을 하고자 하는 요리사들에게는 좋은 생선의 수급을 위한 안정적인 공급 및 취급 절차를 수립하고 성능 좋은 냉장실에 투자를 아끼지 않는 것이 매우 중요하다.

우리가 '세인트 피터'를 오픈했던 곳 뒤쪽 한켠에는 냉각 팬이 설치된 냉장실이 있었다. 레스토랑을 오픈하기 전에 우리는 이 냉장실 내부에 큰 생선을 매달 수 있는 레일과 작은 생선을 담아 놓을 맞춤형 받침대가 있는 별도의 직냉식 내실을 설치했는데, 지금 생각해보면 미친 짓이었다. 제대로 사용할 수 있을지도 미지수였고 자금 또한 부족한 상태였기 때문이다. 새 냉장고에 걸려 있는 첫 번째 생선(18kg짜리 만새기) 소식을 소셜 미디어 계정에 올리자 약간의 조롱과 회의적인 반응들이 이어졌다. 우리들 스스로에 대한 의심의 불씨에 기름을 부은 격이었다. 그러나 우려와는 달리 그 무모한 도전에서 우리는 승리했고 냉장 기술자들의 수많은 시행착오와 수정을 거쳐 건식 숙성 실험을 시작할 수 있었다. 또한 최적화된 저장 조건 덕분에 생선이 가장 저렴할 때 대량으로 구매할 수 있었다.

'세인트 피터'의 설비는 보다 최적의 조건에서 생선을 저장하고자 하는 작은 레스토랑에게 있어 이상적인 출발점이 될 수도 있다. 우리는 냉장실을 세분화하여 기존 공간의 약 25%를 희생하면서까지 냉장실의 내부에 별도의 출입문이 있는 내실을 만들었다. 그 내실에는 동관(구리 코일)이 깔려 있어서 팬을 사용하지 않고도 작은 공간을 충분히 냉각시킬 수 있었다. 이 설비로 인해 생선의 건식 숙성 및 적정 환경에서의 저장이 가능했다. 이 내실은 큰 생선들을 정육 갈고리에 매달 천장의 레일을 제외하고는 절반이 비워져 있었고 나머지 절반은 작은 생선과 필렛을 놓아 둘 배수판이 포함된 스테인리스 트레이를 고정할 맞춤형 선반으로 채워졌다.

우리는 '피시 부처리'를 열면서 더 크고 정밀한 설비에 투자하기로 결정했고 냉장실 천장에 크로스 핀 코일 기술(냉장 설비에 적용되는 일종의 열 교환 기술. 동관과 핀이 완전히 밀착되어 전열계수와 내구성이 높다-역주)을 적용했다. 오픈 주간 동안 이 냉장실은 동관이 결빙되어 제대로 작동하지 않았고 이 문제를 해결하기 위해 냉장실의 온도를 높여야 했지만 몇 번의 조정 후에 제대로 작동하게 되었다. 세인트 피터에 설치된 동관과 달리 크로스 핀 기술의 이점은 분명해서 생선을 건식 숙성하는 동안 껍질이 완전히 메마르지 않도록(팬 냉각 방식은 쉽게 메마른다) 유지시켜 주는 저습도 환경을 조성해주었다. 그래서 세인트 피터의 생선을 피시 부처리로 옮겨서 보관하고 숙성을 한 이후부터 마치 돼지 껍질 뻥튀기처럼 부풀어 올라 그 껍질이 훨씬 바삭해진 생선 구이를 만들 수 있게 되었다.

양태, 동갈치, 킹 조지 명태와 같은 작은 생선들이 정육 갈고리에 매달려 냉장실에 자리 잡고 있는 모습을 상상해 보면 매우 우스꽝스러울 것이다. 이런 생선들은 스테인리스 트레이 안에 스테인리스 배수 판을 놓고 그 위에 한 층으로 올려 보관하는 것이 가장 좋다. 이 트레이는 호텔 트롤리에 넣을 수도 있다. 직냉식 냉장고에서는 건조를 막기 위해 생선에 뭔가를 덧씌우지 않아도 된다. 다만 필렛의 경우에는 냉동 비닐 필름으로 느슨하게 덮어두는 것이 좋다.

큰 생선은 꼬리에 정육 갈고리를 꿰어 매달아서 보관하는 것이 좋다. 이렇게 하면 생선이 트레이에 닿지 않아 습윤해지는 것을 방지한다. 우리 냉장실에는 생선을 커튼처럼 매달 수 있도록 출입구와 평행하게 이어져 있는 레일이 설치되어 있다. 또한 정육 갈고리가 지탱할 수 없는 초대형 생선을 매달아야 할 경우엔 튼튼한 끈과 밧줄을 이용했다. 안 되는 건 없다.

## 나의 철학에 관해(또한 버려지는 것들에 관해)

나는 전 세계의 셰프들 사이에서 생선 수율 40~45%(더 중요한 것은 55~60%가 버려진다는 사실이다)가 거리낌 없이 받아들여진다는 사실을 도무지 이해할 수가 없다.

호주의 시드니에 있는 세인트 피터는 34석이 만석인 레스토랑이다. 일주일에 150kg 이상의 생선을 구매하고 하루에 약 25kg 정도의 생선을 소비한다. 시드니에서 구매하는 고급 생선을 포함한 원형 생선의 평균가는 kg당 20달러 정도다. 만약 업계 표준의 40~45% 수율 예상치를 그대로 적용한다면 하루에 500달러씩, 총 손실액은 300달러, 수율은 200달러가 된다. 이제 나는 다수의 레스토랑에서 생선 뼈를 버리지 않고 육수를 내는 데 사용하고 생선 목덜미 살도 숯불에 구워 내놓는다는 것을 알고 있지만 이는 '손실' 보전의 극히 일부에 불과하다.

예를 들어 내가 kg당 24달러인 17kg짜리 낚시로 잡은 홍바리를 408달러에 샀다고 치자. 수율 44% 관행에 따르면 '사용할 수 있는' 필렛은 179.5달러어치다. 나머지 56%에 달하는 손실분은 228.5달러어치가 된다. 사용할 수 있는 필렛의 무게는 7.45kg이고 200g짜리 26조각이 나오는데 일단 보기에 그럴 듯하고 메뉴판에 자리 잡기에도 손색이 없다. 한 조각당 15.69달러이며 간접 비용을 반영해 순익을 산출하려면 최소 60달러에 판매되어야 한다. 만약 이 책의 의도가 잘 먹혀서 손실분 10%를 줄이는 데 도움이 된다면 아마도 여러분은 홍바리 1.73kg 즉 41.50달러어치를 더 보존하게 될 것이다.

작은 규모의 사업에서 이러한 노력은 보다 지속가능한 미래를 위해 여러분의 역할을 다 할 수 있는 큰 기회이자 여러분이 고비용으로 구매한 것을 더 많이 그리고 더 유용하게 사용할 수 있는 솔루션이기도 하다. 경제성을 두고 따지자면 생선의 모든 부위를 해체하고 더 맛있게 만들기 위해 투입되는 추가적인 노동이 과연 그만한 '가치가 있는' 것인지 판단하기 어려울 수도 있다. 우리가 '세인트 피터'에서 항상 깨닫는 한 가지 중요한 사실은 식자재비가 내려가면 인건비가 상승한다는 것이다(또는 그 반대이거나).

최근 몇 년 동안 나는 이 '부차적인' 업무에 내 모든 에너지를 쏟아 부었다. 나는 운이 좋게도 수련 기간 내내 매일 많은 양의 생선을 다루는 주방에 있었다. 따라서 나에겐 생선의 내장을 관찰하는 것이 생선의 비늘을 벗기고 내장을 제거하는 것만큼이나 일상의 일부이기도 했다. 그러던 중 생선에서 떼어낸 내장의 무게를 재기 시작했고 그 결과 놀라운 수치를 발견하게 되었다. 달고기 간의 무게는 필렛의 무게와 같았고 만새기의 알은 체중의 12%나 차지하고 있었던 것이다. 내가 보기엔 이 부위들이 제대로 돈을 받고 팔 수 있을 만한 상품이었을 뿐만 아니라 레시피화 할 수 있는 잠재력 또한 매우 큰 존재였다. 결국 나는 알에다 소금을 친 초기 형태의 보타르가를 만들기 시작했고 나아가 맛있는 사워도우 토스트에다 팬에 지진 생선 간을 파슬리와 함께 올리는 요리도 만들었다(이제 이 요리는 세인트 피터의 상징이자 가장 인기 있는 요리가 되었다).

# INDEX

## 색인

# ACKNOWLEDGEMENTS

## 감사의 말

어떤 분야에서든 책을 쓴다는 것은 저자에게 있어 대단한 특권이자 독자의 생각을 소모시키는 만큼 책임이 따르는 행위라고 생각한다.

나는 평생 고마운 사람들과 함께 한 운이 좋은 사람이다. 그러므로 고마운 사람들에게 감사의 인사를 남기지 않을 수 없다. 가장 고마운 사람은 내 아름다운 아내 줄리다. 그녀의 사랑, 인내, 헌신은 가히 초인적인데 내가 아는 한 그녀는 이 세상에서 가장 열심히 일하고 가장 뛰어난 영감을 주는 사람들 중 한 명이다. 그녀는 두 사업체의 공동 경영자이자 예쁜 세 아이의 엄마이기도 하다. 나로서는 엄두도 못 낼 일이다. 이런 능력자의 남편인 나는 세상에서 가장 운이 좋은 사람임에 틀림없다.

나의 가족 스테픈Stephen, 마레아Marea, 엘리자베스Elizabeth, 헤일리Hayley 그리고 이안Ian. 매 순간 함께 해주고 지지해줘서 감사할 따름이다. 이들이 없었다면 이 책을 쓸 기회조차 얻지 못했을 것이다.

나의 멘토인 피터 도일Peter Doyle, 스테픈 호지스Stephen Hodges, 조 파블로비치Joe Pavlovich, 루크 맹언Luke Mangan, 알렉스 울리Alex Woolley, 그리고 엘리자베스Elizabeth와 앤서니 코컨Anthony Kocon. 지금의 나를 있게 한 이들의 놀라운 영향력을 생각하면 그저 '감사하다'는 말로는 부족할 듯하다. 이들 모두는 나로 하여금 불가능에 도전케 했고 더 나은 사람이 될 수 있도록 용기를 북돋아 주었으며 이들과 함께 한 요리사 중 한 명이 될 수 있었음에 너무도 감사하며 또 영광스럽게 생각한다.

'세인트 피터'와 '피시 부처리'에서 일했던 과거와 현재의 모든 요리사들에게. 높은 강도의 노동과 긴장이 수반되는 현장에서 보여준 여러분의 인내와 노력, 헌신에 감사를 표한다. 특별히 실명을 밝히자면 위미 윙클러Wimmy Winkler, 알라나 사프웰Alanna Sapwell, 올리브 펜미트Oliver Penmit, 션 콘웨이Sean Conway, 카미유 밴그라메렌Camillie Vangrameren. 여러분이 아니었다면 지금의 세인트 피터는 없었을 것이다. 마지막으로 '피시 부처리'를 믿어주면서 세상에 둘도 없는 브랜드로 만들기 위해 끊임없이 노력한 폴 패랙Paul Farag과 토드 가렛Todd Garrat에게도 감사의 뜻을 전한다. 여러분 모두에게 큰 신세를 졌다.

또한, 이처럼 독특한 책을 믿어준 하디 그랜트Hardie Grant 출판사의 능력자들에게도 감사드린다. 제인 윌슨Jane Wilson, 사이먼 데이비스Simon Davis, 다니엘 뉴Daniel New, 롭 팔머Rob Palmer, 스티브 피어스Steve Pearce, 제시카 브룩Jessica Brook, 그리고 캐시 스티어Kathy Stear. 그들의 결단과 재능에 경의를 표한다. 나를 믿고 많은 투자를 하셨을 뿐만 아니라 내 기대치를 훨씬 웃도는 결과물을 만들어 주셔서 가슴 깊이 감사 드리는 바이다. 짧은 시간 안에 이처럼 완성도 높은 책을 만들 수 있다는 것이 그저 놀라울 따름이다. 마지막으로 모니카 브라운Monica Brown, 그녀의 지혜와 지속적인 지지, 믿음에 감사 드린다.

# 피시 쿡북

**초판 1쇄 인쇄일** 2021년 10월 8일

**초판 1쇄 발행일** 2021년 10월 20일

**지은이** 조시 닐란드

**옮긴이** 배재환(fabio)

**발행인** 박헌용, 윤호권

**기획** 정인경 **편집** 김하영 **디자인** 김지연

**발행처** ㈜시공사 **주소** 서울시 성동구 상원1길 22, 6-8층(우편번호 04779)

**대표전화** 02-3486-6877 **팩스(주문)** 02-585-1247

**홈페이지** www.sigongsa.com / www.sigongjunior.com

이 책의 출판권은 (주)시공사에 있습니다. 저작권법에 의해

한국 내에서 보호받는 저작물이므로 무단 전재와 무단 복제를 금합니다.

ISBN 979-11-6579-713-3 13590

*시공사는 시공간을 넘는 무한한 콘텐츠 세상을 만듭니다.

*시공사는 더 나은 내일을 함께 만들 여러분의 소중한 의견을 기다립니다.

*미호는 아름답고 기분 좋은 책을 만드는 (주)시공사의 라이프스타일 브랜드입니다.

*잘못 만들어진 책은 구입하신 곳에서 바꾸어 드립니다.

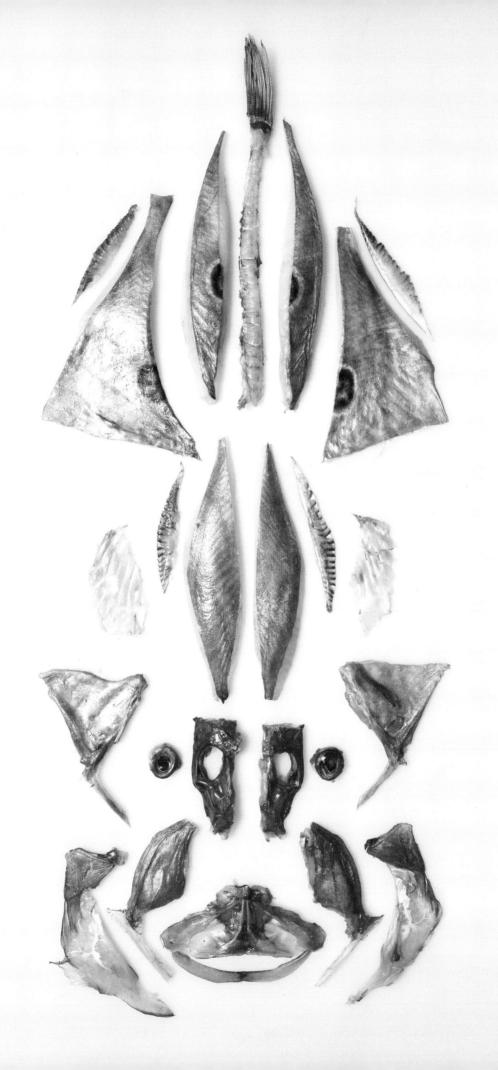

조시 닐란드 셰프의 생선에 대한 정직하고도 순수한 접근법은 영감을 불러일으킨다. 그의 요리는 포괄적인 기술을 바탕으로 한 창의성의 발현이다. 이 책에서 그는 책임감과 혁신이 공존하도록 독자의 마음을 체계적으로 움직이면서 모든 동물에 대한 접근 방식을 아름답게 표현하고 있다.

–

**그랜트 애커츠** GRANT ACHATZ

여기 기본을 가르쳐주는 희귀한 책이 있다. 몇 번이고 되돌아가 다시 읽게 될 것이며 각 페이지들은 금세 닳아 없어질 것이 분명하다.

–

**르네 레드제피** RENÉ REDZEPI

여러분이 생선 요리를 좋아한다면 이 책은 일종의 계시가 될 것이다. 여러분은 생선의 입에서 나오는 거품을 제외한 모든 부위를 사용하게 될 것이며 나아가 풍미를 응집시키기 위한 건식 숙성에 관해서도 배우게 된다.

–

**릭 스테인** RICK STEIN

나는 오랫동안 조시를 지켜봤고 생선의 모든 부위를 활용하는 그를 흠모해왔다. 그는 위대한 선구자다. 이 책은 전문 요리사들만큼이나 많은 가정 요리사들을 위한 책이며 저자의 이러한 마음 씀씀이에 박수를 보내는 바이다.

–

**매기 비어** MAGGIE BEER

그가 칼로 내 비늘을 벗겨줬으면 좋겠다. 나를 숙성하고 굽고 졸인 다음 휴지시키고 썰어서 접시에 담아 차려내줬으면 소원이 없겠다. 자신만의 방식으로 관심을 갖고 배려를 아끼지 않은 조시에게 감사하다. 당신은 그저 빛!

–

**매티 매더슨** MATTY MATHESON

조시는 타협을 모르는 정진과 비늘부터 꼬리까지 남김없이 사용하는 해산물에 대한 지속가능한 철학으로 우리가 해산물을 생각하고 느끼고 요리하고 먹는 방식에 엄청난 혁명을 몰고 왔다.

–

**카일리 쿵** KYLIE KWONG